動画を見てみよう！

「学研の図鑑LIVEムービー地球」（約45分）は、学研が制作したオリジナル動画です。大迫力の映像やクイズなどで、地球のことが楽しくわかります。

DVDでもスマートフォンでも動画が見られます。

動画の見どころ

富士山の地下洞窟に潜入！

氷の筍「氷筍」といいます

富士山のふもとに広がる青木ヶ原樹海には、噴火の証拠がありました。

実験！地球のつくり方

地層のでき方、火山の噴火の再現、雲のでき方など、おうちでできる実験を紹介。

世界の絶景を見に行こう

地球にはダイナミックな絶景がたくさん！その様子をのぞいてみましょう。

日本各地の面白い温泉

日本全国には、面白い特徴をもった温泉がたくさんあります。

動画をスマートフォンなどで見る方法は図鑑の最後で紹介しています ▶▶

読者のみなさんへ

　地球はいつ、どうやってできたのか。雨や雪はなぜ降るのか。地面の下はどうなっているのか。地震や火山の噴火はなぜ起こるのか。あの素敵な風景はどうやって生まれたのか。なぜ、地球で生物が誕生し、進化することができたのか。みなさんが毎日を過ごしている中で、このような地球についてのいろいろな疑問が湧いているのではないでしょうか。この本を読めば、みなさんの疑問の答えが見つかるかもしれません。また、そういった疑問の中には、まだ解明されていない謎もたくさんあります。みなさんの中から、その謎を解き明かす人が出てきたら、それはとても素晴らしいことです。

　ところで、21世紀は環境の世紀、という言葉を聞いたことがありますか。地球には、生物が生きるのに必要な環境が整っていました。そして、私たち人類は社会を発展させてきた結果、地球環境に大きな影響を与えられるようになりました。これは、私たちのこれからの行動によって地球環境が良くも悪くもなりうるということを意味します。

　私たちが利用するさまざまな資源の中には、とても長い時間をかけて蓄えられてきたものがあり、そのいくつかは、回復が難しいほどのペースで減っています。このままでは、未来の人類は快適に生活できなくなるかもしれません。

　私たちがこれからも地球で快適に暮らしていくためには、地球についてもっときちんと知ることや、いろいろな地球の謎を解くことがとても大切です。そして、私たちが地球とどのようにつきあっていくのが良いか、というとても大事な問いについて一緒に考えていきましょう。この本が考えるきっかけになればうれしいです。

東邦大学　理学部　生命圏環境科学科　教授

上原真一

学研の図鑑
LIVE
ライブ

[新版]
地球(ちきゅう)

[総監修]
上原真一(うえはらしんいち)
(東邦大学理学部生命圏環境科学科教授)

地球

もくじ

▲ダイヤモンドヘッド

読者のみなさんへ ………………… 前見返し裏
この図鑑の見方と使い方 …………………… 4
地球は水の惑星 ……………………………… 6
地球は生命の惑星 …………………………… 8
大地と岩石 …………………………………… 10

地球の誕生と歴史 …………………… 12
地球の誕生 …………………………………… 14
地球と生命の歴史 …………………………… 16

地球のつくり …………………… 26
地球という惑星 ……………………………… 28
生命を守る地球磁気圏 ……………………… 30
地球と月 ……………………………………… 32
地球の内部 …………………………………… 34
地球をおおうプレート ……………………… 36
地球内部の運動 ……………………………… 38
大陸移動と大山脈 …………………………… 40
日本列島の誕生 ……………………………… 42
地球をつくる岩石 …………………………… 44
火成岩 ………………………………………… 46
堆積岩 ………………………………………… 48
変成岩 ………………………………………… 50
化石燃料 ……………………………………… 58

大地の動き …………………… 62
火山のしくみ ………………………………… 64
火山と地形 …………………………………… 66
火山の噴火と火山のタイプ ………………… 68
火山ができるところ ………………………… 70
火山と生活 …………………………………… 76
火山と被害 …………………………………… 78
地震のメカニズム …………………………… 80
日本列島と地震の大きさ …………………… 82
地震と被害 …………………………………… 84
災害に備える ………………………………… 86

大地と水のはたらき …………………… 90
けずられる大地(風化) ……………………… 92
氷河やカルスト地形 ………………………… 94
いろいろな湖 ………………………………… 96
川沿いの地形 ………………………………… 98
沿岸の地形 …………………………………… 100
砂がつくる沿岸の地形 ……………………… 102
地層 …………………………………………… 104
化石 …………………………………………… 106
地球をおおう海 ……………………………… 114
サンゴ礁 ……………………………………… 116
深海のすがた ………………………………… 118
海底の地形を見る …………………………… 120
世界の海流 …………………………………… 122
波の正体 ……………………………………… 124

▲彩雲　　▲摩周湖　　▲紅葉

⚡ 地球の大気　128

- 大気の歴史　130
- 大気のしくみ　132
- 大気の動き　134
- 水はすがたを変えてめぐる　136
- 雲のでき方　138
- 雲の種類　140
- 雨や雪がふるしくみ　142
- 雪の結晶　144
- 雷　146
- 虹と蜃気楼　148
- 低気圧と高気圧　150
- 気団と前線　152
- 地形と風　154
- 季節風と局地風　156
- 台風　158
- 台風のつくり　160
- 竜巻　162
- 台風、竜巻の被害　164

🌱 気候　168

- 太陽のエネルギーと地球　170
- 世界の気候　172
- 熱帯・温帯・冷帯・寒帯　174
- 日本列島の気候　176
- 砂漠　178
- 極地　180
- エルニーニョ現象とラニーニャ現象　182

🌱 地球の今　186

- 地球上の多様な生態系　188
- 生物の乱獲と絶滅　190
- 外来種問題　192
- 森林の消失と砂漠化　194
- ゴミ問題　196
- エネルギー問題　198
- 大気汚染　200
- 水質汚染　202
- 地球温暖化　204
- 異常気象　206
- 人口増加と食料問題　208
- 戦争などによる破壊　210

くらべてみよう

- 誕生石の世界　52
- 摩訶不思議な鉱物の世界　54
- 美しい石たち　56
- 日本の火山　72
- 世界の火山と噴火様式　74
- 化石の世界　108
- 恐竜のすがた　110

絶景

- 岩が見せる絶景　60
- 火山がうむ絶景　88
- 水がつくる絶景　112
- 海で見られる絶景　126
- 大地に広がる絶景　166
- 天気・季節に関わる絶景　184

さくいん　212

動画を見てみよう！　前見返し
スマートフォンで見てみよう！　後見返し

この図鑑の見方と使い方

この図鑑では、地球のなりたちやさまざまな現象、環境問題などを大きなテーマごとに紹介しています。また、世界の絶景や化石など、眺めるだけで地球の魅力に触れることのできるページもあります。図版や写真で解説するページのほかに、いくつかのコラムページがあります。

地球のつくりなどの章分け

「地球のつくり」や「大地の動き」などのテーマで7つの章に分かれています。

2つのコラムがあります

そのページで紹介している現象などに関する興味深い情報を解説しています。興味関心を育てるコラムです。

そのページで紹介している現象などに関する疑問を解説しています。好奇心を刺激するコラムです。

「くらべてみよう」のページ

鉱物や化石など、地球でみられるさまざまなものを多様な視点からくらべます。くらべることでそれぞれの違いがよくわかります。

各章の扉ページではその章を表す印象的な事柄を写真で紹介しています。さまざまな情報を読み取ることができます。

写真やイラスト、CGなどで地球に起きる現象などをわかりやすく解説しています。
解説とあわせて読むことで理解を深めることができます。

そのページで紹介している内容に関する豆知識です。

「絶景」のページ

世界中の絶景を紹介しています。火山や海で見られるものや季節により現れるものなど、一度は目にしたい景色がたくさんあります。

スマートフォンで見てみよう！

このマークがあるページは、スマートフォンアプリで3DCGの地球や台風を見ることができます。おうちの人といっしょに楽しみましょう。

★やり方は、図鑑の最後のページでくわしく紹介しています。

地球は水の惑星

地球は液体の水をたたえた海をもつ、特別な惑星です。地球の水は液体から気体、ときには固体に変わりながら、地球上をめぐっています。この図鑑では、地球の海や大気が引き起こす、さまざまな現象を紹介しています。わたしたちも地球上の水の行方を追いかけながら、地球の謎を解き明かす旅に出てみましょう。

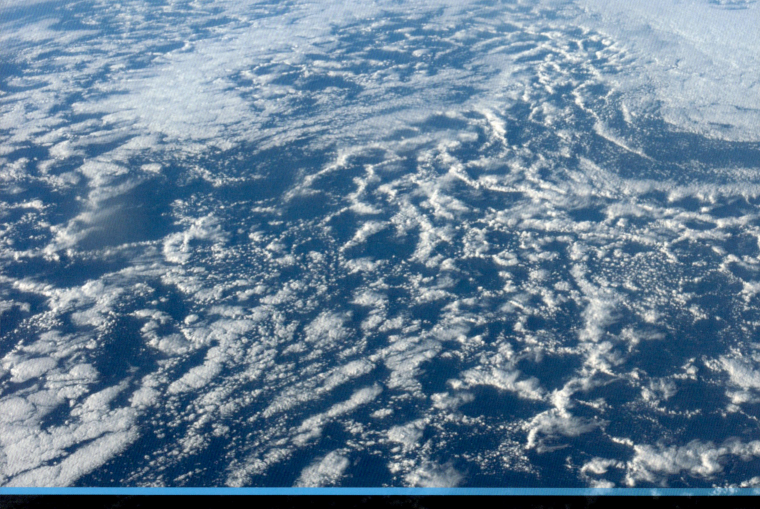

青く輝く惑星

国際宇宙ステーション(ISS)から見た地球の様子です。地球の表面は約70％が海でおおわれていて、宇宙空間から見ると青く輝いて見えます。

地球は生命の惑星

地球は発見されている星の中でただひとつ、生命が存在している星です。地球上にはわかっているだけでも175万種以上の生物が生息しており、それらによって多様な生態系が形づくられています。この生命の歴史をたどると、最初の生命の誕生には液体の水の存在が欠かせませんでした。また、長い時間をかけてつくられた現在の大気も生命維持に不可欠なものです。地球は生命が生きるためのいくつもの条件を満たしている、奇跡の星ともいえるでしょう。

サバンナシマウマの群れ

アフリカのサバンナに生息するシマウマで、雨季にかけて約1万頭もの群れをつくり、草のある平原へ大移動します。

大地と岩石

土砂の堆積や火山活動などによって新たな陸地がつくられたり、水や風、氷河のはたらきでけずられることで現在の大地は形づくられてきました。この大地を構成するのはさまざまな岩石や鉱物。それらは長い時間をかけて地表から地下、地下から地表へ、固体から液体、液体から固体へと場所と形を変えながら地球をまわっています。

地層がつくる大波（アメリカ）

アリゾナ州にあるバーミリオン・クリフ国定公園のコヨーテ・ビュートは、ザ・ウェーブ（波）と呼ばれています。地層が勢いよく流れた鉄砲水で侵食されてできた地形です。

ジャイアンツ・コーズウェイ（イギリス）

あたり一面に広がる六角形の柱を束ねたような地形は柱状節理と呼ばれます。火山活動で流れ出た溶岩が冷えて固まり、割れ目が発生したことにより形成されたものです。

地球の誕生と歴史

今からおよそ46億年前に誕生した青と緑の惑星、地球。地球の歴史は非常に長く、それとくらべると人類の歴史は非常に短いものです。たとえば、この46億年の歴史を1年間に当てはめると、海ができたのが1月16日。はじめに生命が誕生したのは3月ごろで、人類が誕生したのはなんと1年の終わり、12月31日の午後11時37分。このように、わたしたちが生きている期間は長い地球の歴史の中ではほんのわずかにすぎないのです。

ジュラシック・コースト（イギリス）
イギリス南部のジュラシック・コーストと呼ばれる海岸では、イクチオサウルスなどの中生代のさまざまな生物の化石が見つかっています。写真左下の丸いものはアンモナイトの化石です。

生きた化石　シーラカンス
昔からほとんどすがたを変えずに現在も生息している生物を生きた化石と呼びます。そのひとつのシーラカンスは、他の魚類とはことなる特別なうろこやひれをもち、深海に生息しています。

地球の誕生

宇宙に星間雲としてただよっていたガスやちりが集まり、収縮してその中に恒星ができました。太陽もそのひとつで、高速で回転する円盤の中心となり、まわりに大きな惑星や小惑星などをともなった原始の太陽系になりました。地球はその中の惑星のひとつとして、今から46億年前に誕生したと考えられています。しかし、地球の誕生については、現在でもわからないことがたくさんあります。

原始太陽
水素とヘリウムガスの巨大な塊で、重力エネルギーを開放して光り輝いています。原始太陽は宇宙にただようガス(星間雲)から生まれました。

地球の誕生と惑星の種類

原始地球は今よりも小さい惑星でしたが、微惑星のたび重なる衝突で、次第に大きく成長しました。また、衝突によるエネルギーが熱になり、岩石がとけてマグマとなり、マグマオーシャンからなる火の玉の地球となりました。

また、太陽系の惑星の中で、太陽の近くを回る水星、金星、地球、火星はいずれも平均密度が高く、主に岩石からできています。これらの惑星を地球型惑星といいます。それに対して、太陽の遠くをまわる木星、土星、天王星、海王星は平均密度が小さく主にガスなどでできている木星型惑星と呼ばれます。

地球に海ができたのはなぜ？

惑星が表面に液体の海をもつには、その惑星が大気を引きつけておけるだけの重さ(質量)をもち、表面温度と大気の圧力が一定の条件を満たしていなければなりません。その表面温度を保つには、太陽から適当なエネルギーを受けられる距離が重要で、その距離の範囲をハビタブルゾーンといいます。地球は太陽系の中で奇跡的にこれらの条件がそろった惑星なのです。

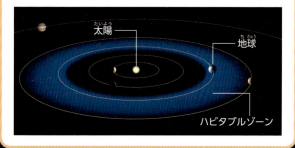

原始太陽のまわりをまわる物質は次第に円盤状になり、原始惑星系円盤になります。

太陽系の中の地球

太陽系には8つの惑星があり、地球は太陽から見て3番目に位置しています。

原始地球

原始の地球がマグマオーシャンになると、鉄やニッケルは中心にしずみ、核になりました。また、金属と岩石の混ざったものは核のまわりにマントルをつくりました。

太陽のような恒星は最後に惑星状星雲となり、やがて星雲のガスは再び新しい恒星の材料となります。

地球と生命の歴史

およそ46億年の地球の歴史の中で、誕生後しばらくは、地球に生物はおらず、約38億年前に原始的な生物が海の中に現れたと考えられています。多くの生物が現れた、古生代、中生代、新生代という時代を中心に、地球の歴史を見ていきましょう。

46億年前

微惑星の衝突

40億年前

30億年前

ストロマトライト

20億年前　　　　　　　　　　10億年前

海の誕生
微惑星の衝突も少なくなり、地球表面の温度が下がり、大気の水蒸気が水滴になって雲をつくりました。雲から雨が地表にふり注ぎ、原始の海ができました。

最初の生命
38億年前ごろには、地球上の水にとけこんださまざまな物質が化学反応をくり返して、アミノ酸などの複雑な化合物がつくられ、やがて最初の生物が現れたと考えられています。

酸素をつくる生物
約27億年前、浅い海の中に太陽光からエネルギーをつくり出す光合成細菌が生まれ、さらに酸素を出す細菌の一種のシアノバクテリアが出現し、ストロマトライトという堆積岩を温暖な浅い海の中につくりました。大気中に酸素がふえ始めました。

雪球となった地球

寒冷な氷河時代が長い地球史の中で数度ありました。特に地球全体が雪や氷でおおわれた状態を、スノーボールアース、雪球地球、全球凍結などといいます。約29億年前、約24億5000万年～22億年前、そして7億3000万年前～6億3500万年前が特に寒冷で、地球全体が凍結状態であったと考えられています。この時、海もかなりの深さまで凍結しましたが、深海の海水は海底からふき出す熱水であたためられ、光合成細菌などは生き長らえたと考えられています。

先カンブリア時代
46億年前

先カンブリア時代
地球が誕生した約46億年前から5億3880万年前までの約40億年間を先カンブリア時代といいます。約25億年前までは、生命が現れはじめた時代で、始生代と呼ばれます。約25億年前から5億3880万年前までは、原始の生物が出現した時代で、原生代と呼ばれます。

エディアカラ生物群
原生代の後期、約6億3500万年前から5億3880万年前の海の中にはエディアカラ生物群という独特な生物が繁栄しました。ディッキンソニアやチャルニオディスクスなど、かなり大型の生物もいましたが、かたい殻や骨がなく、古生代や現在の生物と関係もよくわかっていません。化石はオーストラリア、中国などの当時の浅い海の地層から発見されています。

古生代〈カンブリア紀〉
5億3880万年前〜

古生代
カンブリア紀の始めから、ペルム紀の終わりまでの約2億9000万年間は、6つの紀に分けられています。前半は三葉虫やチョッカクガイなど、海生の無脊椎動物が大繁栄しました。

カンブリア爆発
カンブリア紀の海では、激しい生存競争が行われていました。三葉虫などの節足動物をはじめ、かたい殻や大きな複眼、がんじょうなひれやあし、攻撃用と思われる器官をもったものもいました。中期には進化が急激に進んだと見られ、カンブリア爆発といわれています。

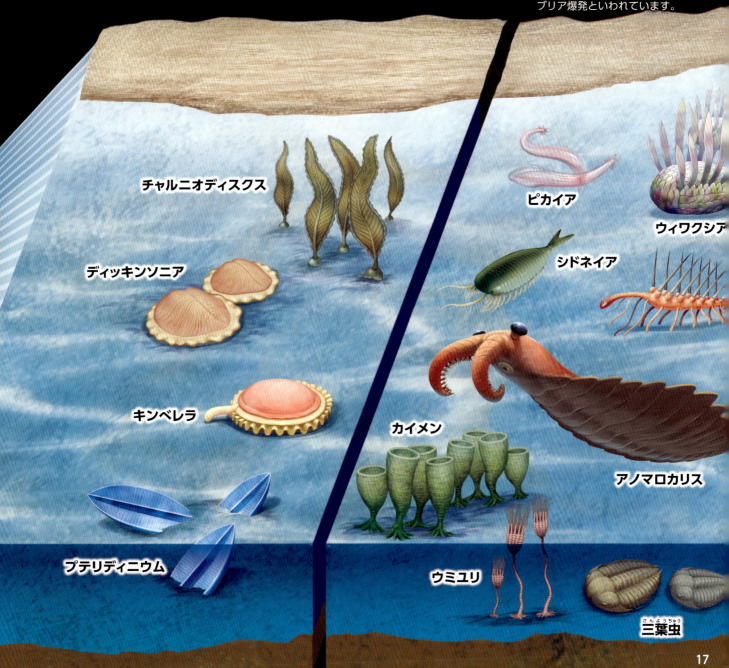

古生代〈オルドビス紀〉
4億8540万年前〜

その中ごろには原始的なシダ植物が上陸し、水辺に緑の湿地が出現し、さらに陸上の植物のはたらきで大気中の酸素がふえ、二酸化炭素がへって両生類や昆虫などが上陸しました。

アノマロカリスの腕の化石
カナダのブリティッシュコロンビア州にあるカンブリア紀中期の頁岩層から見つかりました。この時期最大の海にすむ肉食動物で、三葉虫などを食べていました。

オルドビス紀の生物
オルドビス紀には地球全体が温暖となり、海にすむ生物に適した浅い海が広がっていました。三葉虫はさらに栄え、さまざまな節足動物も出現します。ウミユリなど現在のウニやヒトデのなかまの棘皮動物も繁栄し、イカやタコのなかまのチョッカクガイが海中を泳ぎまわりました。魚類では、カンブリア紀に原始的な魚類で顎をもたない無顎類が現れ、オルドビス紀には体を甲冑でおおったアランダスピスなどが現れました。

三葉虫の化石
古生代を代表する節足動物です。ロシアのオルドビス紀の地層から見つかるアサフスという種類で、最大で7cmほどになります。

- ハチノスサンゴ
- カブトガニ
- オパビニア
- アランダスピス
- チョッカクガイ
- ハルキゲニア
- オキナエビス
- 苔のような鮮苔類
- 三葉虫
- ウミユリ
- ウニのなかま

中生代〈白亜紀〉
1億4500万年前〜

白亜紀の生物

温暖化が進み、広い地域で現在よりも平均気温が10℃以上も高くなりました。大陸の分裂も進み、そのまわりに浅い海が広がり、アンモナイトやイノセラムス、トリゴニアなどが繁栄しました。陸上にはマツのような裸子植物に加えて、花を咲かせる被子植物も出現し森林を広げます。ティラノサウルス、スピノサウルス、トリケラトプスなどの大型恐竜、多くの種類の爬虫類、新しく登場した小型哺乳類などで、陸上は大変にぎやかになりました。

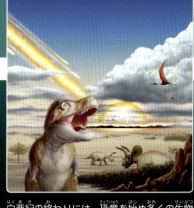

白亜紀の終わりには、恐竜を始め多くの生物が突然絶滅する大量絶滅がありました。メキシコのユカタン半島に直径約10kmの小惑星が衝突し、大規模な気候変動が生じたことが原因と考えられています。

新生代〈古第三紀〉
6600万年前～

大量絶滅

新生代
新生代は古第三紀、新第三紀、第四紀に区分されています。古第三紀には南北アメリカ大陸、ヨーロッパ、アフリカ、アジアなどの大陸は海でへだてられ、新第三紀の中ごろには、大陸の配置は現在の状態に近づきました。気候の変化も数回あり、生物にとってすみやすい地域がふえました。

6600万年前の陸地と海の様子

- ウインタテリウム
- インドリコテリウム
- ドリオピテクス
- パレオマストドン（ゾウの祖先）
- ケブカサイ
- リムノフレガータ
- プレスビオルニス
- デスモスチルス
- アルシノイテリウム
- ジゴリーザ
- プロトケトゥス
- サケ、マス
- アジ

新生代〈新第三紀〉
2303万年前～

新生代の生物（人類の誕生）

新生代は哺乳類と被子植物の時代ともいわれます。陸上では白亜紀に出現していた小型の哺乳類や、花の咲く被子植物が大量絶滅を乗り越えました。海の中ではアンモナイトは絶滅しましたが、頭足類では、オウムガイと、イカやタコなどが生き残りました。鳥類をのぞく恐竜が絶滅したため、哺乳類と鳥類が生活の場を広げて大型化し、種も多くなりました。コウモリやクジラなども古第三紀には出現しています。また、樹木の葉を食べ、後に草原に適応するウマの祖先や、ネコなどの肉食性の哺乳類もこの時代に現れています。

新生代〈第四紀〉
258万年前～

ホモ・サピエンスの頭骨

イスラエルのカフゼー洞窟の10万年前の地層から発見された現代人の祖先（クロマニョン人）です。

- メガテリウム
- ワシ
- マンモス
- オオツノジカ
- ヒト（ホモ・サピエンス）
- ヒッパリオン（ウマの祖先）
- サーベルタイガー
- グリプトドン
- フグ

霊長類の進化

約6000万年前に、アフリカで現在のヒトや他の霊長類の祖先が現れ、その後、下の図のようにそれぞれの種が分かれて進化しました。約258万年前には氷河時代に入り、現在までを第四紀と区分します。ヒトのなかまの人類の時代で、さまざまな種類のヒト（ホモ属）がいましたが、現在世界中にいる人類はわたしたちホモ・サピエンスという一種だけです。

霊長類の進化の道すじ

- ▶約6000万年前　霊長類祖先
- ▶約2500万年前　ニホンザル
- ▶約1900万年前　テナガザル
- ▶約1600万年前　オランウータン
- ▶約900万年前　ゴリラ
- ▶約700万年前　チンパンジー
- ヒト（ホモ・サピエンス）

地球のつくり

大陸は年間数cmずつ移動している、という話を聞いたことはないでしょうか？地球の表面にあるプレートと呼ばれるかたい岩盤は、海やわたしたちが生活する陸地をのせて、つねに少しずつ動いています。この動きは地球の内部の現象によるものです。このような直接観察することのできないプレートの動きや地球の中身は、さまざまな研究手法によって明らかにされてきました。

巨大なヒマラヤ山脈(ネパールなど)
5つの国にまたがるヒマラヤ山脈は世界一の高さをほこるエベレストなど、8000mを超える山が数多く属する巨大な山脈です。このヒマラヤ山脈はプレートの運動による大陸どうしの衝突によって誕生しました。

地球という惑星

地球は太陽を回る8つの惑星のひとつで、太陽から3番目に近い惑星です。表面の約30％が陸地、約70％は液体の水(海)でおおわれ「水の惑星」といわれます。周囲の大気は大部分が窒素と酸素です。地球は生物が生きるのに適した環境の星なのです。

アフリカ大陸
インド洋
大西洋
南極大陸

宇宙から見た地球
ほぼ中央にアフリカ大陸が見えます。全体的に海が目立ち、青く見える惑星です。

緯度と経度
地球上の位置を示す座標じ。
緯度…赤道を0°として、北極と南極を90°とします。赤道より北を北緯、南を南緯と呼び、角度が大きいほど高緯度地域となります。
経度…本初子午線（イギリスの旧グリニッジ天文台を通る線）を0°として、東西を180°まではかります。

自転と公転
地球は自分も回転しながら、太陽の周りをまわっています。地球自身が回転する運動を自転と呼び、自転する中心となる軸を自転軸(地軸)と呼びます。自転軸は北極点と南極点をつないだ直線です。また、太陽のまわりを移動する運動を公転と呼びます。

地球のデータ

直径(極方向)	約12,714km
直径(赤道)	約12,756km
太陽からの平均距離	約1億4960万km
公転周期	1年(365.26日)
自転周期	1日(23時間56分)
自転軸の傾き	約23.4°
衛星数	1(月)

回転楕円体としての地球
地球はほぼ球形ですが、自転することで遠心力（回転の中心から遠ざかろうとする力）がはたらき、赤道方向に少し長く、回転楕円体と呼ばれる形になっています。地球上の物体には引力と遠心力を合わせた重力がはたらきます。地球の形を正確に決める場合、海面の平均位置に近い重力の等しい面をジオイドと定めて地球の形とします。

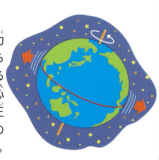

風の向きや海流も自転の影響を受けています。

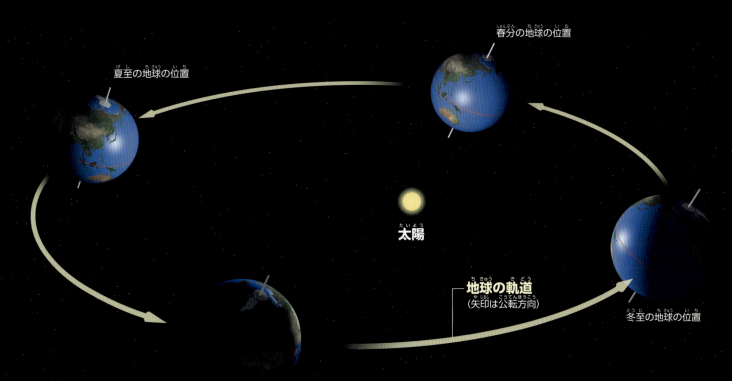

夏至の地球の位置
春分の地球の位置
太陽
地球の軌道
（矢印は公転方向）
冬至の地球の位置
秋分の地球の位置

地球の公転と自転軸の傾き

地球は約23.4°傾いたまま、1年をかけて太陽のまわりを1周します。これを公転と呼びます。傾いているため、地球上の同じ地域でも気温などに変化が現れ、季節が生まれます。

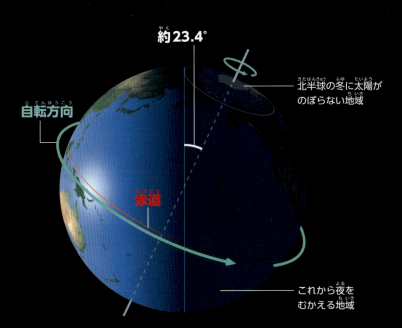

約23.4°
自転方向
赤道
北半球の冬に太陽がのぼらない地域
これから夜をむかえる地域

地球の自転と傾き

地球は公転する面に対して自転軸を約23.4°傾けて1日に1回転しています。これを自転と呼びます。自転軸の傾きによって、太陽の光が当たる時間に変化が生まれ、季節による昼夜の長さが変化します。また、冬の時期の極地では、太陽が1日に1度ものぼらない地域があり、反対に夏の時期には太陽が1日中しずまない場所ができます。

歳差運動と北極星

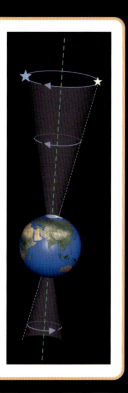

地球の自転軸は太陽や月の引力の影響を受けて、約26,000年の周期で方向を変えています。これを歳差運動と呼びます。
自転軸の北の先にある星が北極星です。現在はこぐま座α星を指していますが、約14,000年後にはこと座のベガが北極星になると考えられています。

極地で1日に1度も太陽がのぼらないことを極夜、同様に太陽がしずまないことを白夜と呼びます。

生命を守る地球磁気圏

太陽からは電気を帯びたプラズマというガスが強い流れでふき出し、地球にふきつけています。これを太陽風と呼びます。この太陽風から地球上の生命を守っているのが、地球の磁場がおよぶ範囲で、地球磁気圏といいます。

バリアにおおわれた地球

地球は磁気をもっていて、太陽からふき出してくる太陽風をほぼせき止めています。この磁気圏は、太陽側では圧縮され、反対側は地球の半径の1000倍もの長い尾を引いています。しかし、両極では太陽風が磁場を横切らないで入射するため、そこにオーロラが発生します。磁気圏の内部にはプラズマ圏、バンアレン帯などがあって、太陽風から地球を守っています。

太陽風
太陽大気の外側のコロナを構成するガスは、圧力が高く外に広がっています。太陽の中心から遠くなると外へ動き出し、一部が宇宙空間に流れ出て、太陽風となります。

太陽
高温のガスが集まった天体で光球といい、その表面には黒点が現れます。光球の外側には彩層というガスの層があり、その外側には薄いガスの層、コロナがあります。

磁気嵐って何?

磁石の磁針はほぼ南北を指しますが、細かく見ると指す方向や引かれる強さは、1日の間でもわずかですが規則的に変化します。これを日変化といいます。ところが太陽表面の活発な活動 (フレアなど) が起こると、その1~2日の間に磁針は不規則な変化を示します。この現象を磁気嵐といいます。磁気嵐は太陽を飛び出した電子の雲が地球にとどいて、太陽に面した地球の磁気圏をおさえつけるために起こると考えられています。

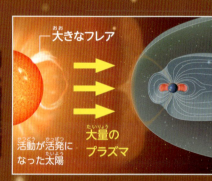

大きなフレア / 活動が活発になった太陽 / 大量のプラズマ

磁気圏の尾

太陽の反対側の磁気圏は、太陽風によって長く引きのばされ、長い尾を引いています。

太陽 / 太陽風 / 地球 / 磁気圏の尾は地球の半径の1000倍

太陽風の正体のプラズマは大部分がプラスの電気をもった陽子と、マイナスの電気をもった電子という粒子からできています。

バンアレン帯

太陽風のエネルギーの高い陽子や電子などの粒子のかたまりです。これらの粒子が地球の磁場にとらえられていて、外帯と内帯に分かれ、ドーナツ状に地球を取り巻いています。

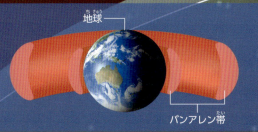

地球
バンアレン帯

磁気圏境界面
地球の磁気圏の外側との境界で、地球の北極と南極上では少しへこんでいます。

衝撃波面
太陽風が地球の磁気面と衝突すると、衝撃波を発生させ、面をつくって広がります。

オーロラが発生するところ

プラズマ圏

地球

オーロラが発生するところ

乱流層

磁力線
太陽や地球がつくりだす磁場では、磁気が磁力線となって流れています。

オーロラ

地球の緯度が65〜70°くらいの極地方の上空に現れるオーロラは、地表から高さ80〜300kmぐらいにある大気の中の窒素や酸素の分子や原子が、主に太陽から高速でふき出している太陽風によって、たたかれて発生する光です。オーロラは「夜の虹」「光のカーテン」ともいわれますが、カーテン型の他、パッチ型、不定形型などに分けられます。太陽の爆発の強弱や、地球上の気象条件によっても見え方がことなります。太陽の活動が活発なときにはすばらしいオーロラが現れます。

バンアレン帯は、1950年代のアメリカの人工衛星の観測により、バン・アレン博士らによって確認されました。

地球と月

地球の衛星は月

月は地球のただひとつの衛星です。人類が地球以外の天体に足あとを残したのも月だけです。わたしたちが見る月の表面はいつも同じですが、これは月の自転と公転の周期がほぼ同じためです。月の表面の約35％は暗く見え「海」と呼ばれています。この海は、大きな隕石が月に衝突したときに内部から流れ出た溶岩がつくったものと考えられています。

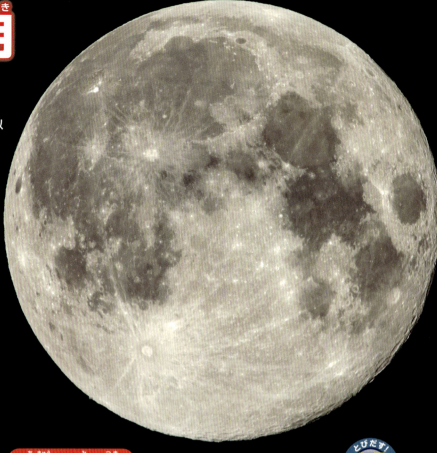

月のデータ

直径	約3476km
重さ（質量）	地球の約0.01倍
地球からの距離	約38万4400km
公転周期	約27日8時間
自転周期	約27日8時間
自転軸の傾き	6.67°
満ち欠けの周期	29日12時間44分

地球から見た月

明るく光って見える高地には、隕石などが衝突してできたクレーターがあり、コペルニクスなど有名な科学者の名前がつけられています。

月をつくったジャイアントインパクト

月の誕生を説明する有力な学説として、ジャイアントインパクトという説があります。これは地球の誕生から間もないころに、火星ほどの惑星が地球に衝突して、そのときに飛び散った破片が地球のまわりを回転して集まり、地球の衛星（月）になったという説です。アポロ宇宙船がもち帰った月の岩石に、45億年前の痕跡を示すものがあり、この学説の根拠のひとつになっています。

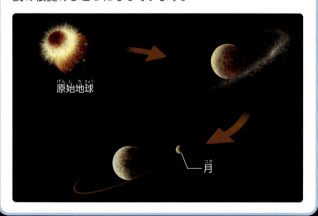

原始地球　月

さまざまな影響をおよぼす月

海の生物には、月の満ち欠けの影響を受けているものが多いことはよく知られています。サンゴは大潮のときに、海中でいっせいに小さな卵を産みます。大潮の大きな海水の動きで沖まで運んでもらうためといわれています。また、火山活動も月の影響を受けているという説があります。満月や新月のときには、月の引力が火山の地下深くのマグマだまりをひずませるため、火口近くのマグマが上下し、噴火が多いといわれています。

サンゴの産卵の様子

噴火する桜島

近年では無人探査機による月面探査プロジェクトが進められています。

潮の満ち干と月の引力

海水が満ちたり引いたりする潮汐という現象には、主に月や太陽が関係し、特に月の引力が強く影響しています。引力は、物どうしが引き合う力で、月が地球の海水を引っぱることから潮汐が起きます。潮の満ち干は、一つの場所ではふつう1日に2回、平均すると12時間25分ごとにくり返されます。これは、地球の自転によって、月の引力が影響をおよぼす地球の場所が移動するからです。潮汐は、海の生物の生活にも強い影響をあたえているので、漁業にたずさわったり、海辺でくらす人びとにとっても、とても重要です。

満潮時の海岸

香川県小豆島のエンジェルロードです。満潮のときは、岸とへだてられています。

干潮時の海岸

干潮時には潮が引き、島と海岸が陸でつながり、島まで歩くことができます。

満潮と干潮のときの月の位置

引力は、どのような物の間にもはたらく力で、月のような天体になるとその力は大きくなります。月に向いた面の海水は、月の引力に引っぱられてもり上がるので満潮になります。反対側では、月の引力が弱いため海水が取り残され、結果的に満潮になります。満潮と90°ずれた地域では海水がへり、干潮になります。

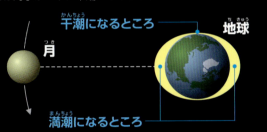

潮間帯

満潮時に海になり、干潮時には水上に出るところを潮間帯と呼びます。また、常に海になるところは潮下帯、常に水上になる部分は潮上帯と呼ばれます。潮間帯を好んで生息する生物も多くいて、海洋生態系にとって重要な環境になっています。

潮間帯の岩棚

ヒライソガニ

カメノテ

大潮と小潮

潮の満ち干には、太陽の引力も関係しています。太陽、月、地球が1列にならぶ位置にきたときは、月と太陽の引力が合わさるので、満ち干の差が最大になる大潮になります。太陽、地球、月が90°をつくる位置にきたときには、月と太陽の引力は打ち消し合い、差が最小の小潮になります。

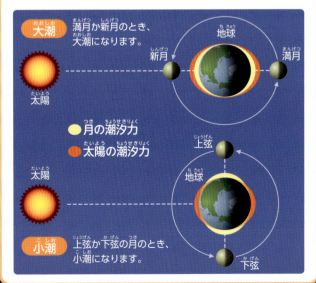

潮汐は約15日間のサイクルで大潮→中潮→小潮→長潮→若潮→中潮をくり返します。

地球の内部

地球の半径は約6400kmあり、内部を直接見ることはできません。石油の採掘などで掘られたボーリング孔でも深さ6kmほどにすぎません。地球の内部は、主に地震の波の伝わり方や速度などから調べられています。

地球の内部を見る

地球の内部の構造は、ニワトリの卵にたとえられます。一番外側の卵の殻にあたる部分は地殻で、大陸地殻の厚さは30～70kmくらいあります。また、海洋地殻では厚さ約6kmになります。その内側の白身にあたる部分はマントルで、地表からの深さは約2900kmまでです。中心の部分は、卵の黄身にあたる核です。地球がこのようなつくりになっていることは、地震の波が伝わる速度を調べることでわかります。地球内部の岩石の密度や状態によって、地震の波の伝わる速さがちがいます。

大気
地表の外側は気体の大気からなり、その99％は高さ30kmまでの層の中にふくまれます。

地殻
地球の外側をつくる部分で、大部分がかたい岩石からできています。

上部マントル
地殻と上部マントルの境にはモホロビチッチ不連続面があります。

660km

地表
地球の表面の約30％が陸地です。

下部マントル
上部マントルの内側、深さ約2900kmまでが下部マントルです。マントルは固体ですが、液体のような動きをしています。

4000～1500℃
約2900km

外核
核の外側の部分で、地震波の伝わり方から、金属が液体になっていると考えられています。

6000～4000℃
約5100km

内核
地球の最も深い部分で、温度は6000℃くらい、最高圧力は400万気圧ほどになっています。

6000℃以上
約6400km

世界で最も深い観測用のボーリング孔は、ロシアのコラ半島で掘られた12.26kmです。

地球は巨大な磁石

地球には地磁気（強い磁場）があります。この地磁気によって地球上にさまざまな現象が起こります。方位磁石の針が南北を向くこともそのひとつです。高緯度地方の美しいオーロラの生成にも地磁気が関係しています。磁気の強さや方向は、太陽の活動の影響により1日の間に少し変わります。地磁気永年変化といって、長い時間の間に大きく変化します。

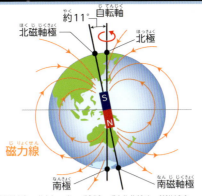

北半球で磁針の指す方向は北磁軸極、南半球では南磁軸極です。この地点は現在は自転軸と約11°ずれていますが、長い年月の間に変化します。
※この図は自転軸の傾きをないものと仮定しています。

地球内部の核（コア）は鉄とニッケルがとけていて、渦を巻いて回転し、発電機となって電気と磁気を起こすと考えられています。

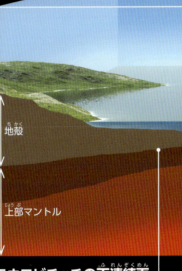

大陸を乗せている地殻から、上部マントルの中までの深さ数100kmまでの部分を拡大した図です。

モホロビチッチの不連続面
地殻の下の密度が急に変わる面に、モホロビチッチという、地震学者の名がつけられました。

大気
地球の表面は大気の層でおおわれています。気象現象を起こしたり、さまざまなはたらきをしています。

海
地球表面の約70％は海です。平均の深さは約3800mです。

リソスフェア
地殻と上部マントルの冷たくかたい部分を合わせた層です。この部分がプレートと呼ばれます。

アセノスフェア
リソスフェアの下にあるやわらかく熱い部分をさします。プレートの移動はリソスフェアとアセノスフェアの境で起こります。

地球内部の熱の起源

誕生したころは、微惑星の衝突によって生じた熱で、地球はマグマオーシャンといわれる火の玉のような状態でした。その後、核がつくられたときの熱なども、地球の熱源になっています。地球をつくっている岩石には、放射性元素がふくまれていて、これが崩壊するときにも熱を発生します。特に地殻の上部をつくる花こう岩からは多くの熱が出ています。地球が生まれた46億年前は、地球は現在の約7.5倍の熱を発生させていたと考えられています。

マグマオーシャンの地球

下部マントルと外核との境目を、グーテンベルク不連続面と呼ぶことがあります。

地球をおおうプレート

地球の表面は20数枚のプレートと呼ばれるかたい板（岩盤）でおおわれていて、大陸や海をのせてゆっくりと移動しています。特に大きなプレートは太平洋、ユーラシア、北アメリカなど9枚、小さなものはココス、ナスカなど10数枚あります。プレートとプレートの境界は海嶺や海溝、トランスフォーム断層ですが、中には境界がはっきりしない場所もあります。大西洋中央海嶺などの海嶺ではプレートが新しくつくられ、日本海溝などの海溝では古いプレートがしずみ込んでいき、プレートがこわれ変形していきます。しかしプレート全体としては、ほぼ変形することなく移動するだけです。プレートは横方向に移動し、別のプレートに衝突すると、どちらかのプレートが下にしずみ込んだりします。

世界のプレートの境界

※プレートの境界については、研究者によって意見が分かれています。

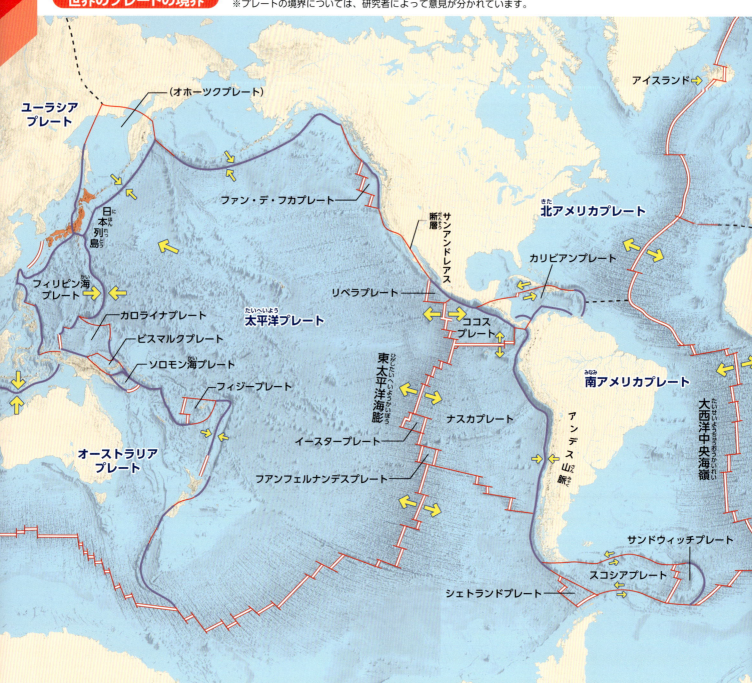

年間数cm動くプレートの運動は、地球の熱を放出するための対流現象ともいえます。

プレート境界の分類

世界のプレートの境界は、大きく分けると、以下の3種類があります。

名前（地図の記号）	起きる場所	代表例
収れん型（ ━━ ） プレートが衝突する	海溝など	太平洋プレートの西側
発散型（ ━━ ） プレートが分かれる	海嶺	大西洋の南アメリカプレートの東側
平行移動型（ ━━ ） プレートが横ずれする	トランスフォーム断層	太平洋プレートの東、サンアンドレアス断層

サンアンドレアス断層

もっと知りたい！ 地溝帯

2つの断層にはさまれていて、その部分がまわりの土地より低くなって帯のようになっている地形のことを地溝といいます。また、その中にある谷はリフトバレーと呼ばれます。地溝の大規模なものは地溝帯と呼ばれ、アフリカにあるアフリカ大地溝帯（グレート・リフト・バレー）では、プレートの両側に引っぱられ、その下ではマントルが対流し上昇しています。

アフリカ大地溝帯の東側の壁。アフリカ大地溝帯は西アジアのヨルダン地溝帯から死海、紅海、そしてエチオピアからモザンビークに達します。長さが南北約6400kmの陥没断層地帯です。

プレートの動きを正確に知る方法として、複数の人工衛星と地上にある観測点を利用したGPS（全地球測位システム）が利用されています。

地球内部の運動

プレートテクトニクスという学説は、地震や火山活動、地盤の隆起・沈降や水平移動などさまざまな地学現象が地球内部の大きなプレートの運動に原因があることを明らかにしました。そして、新しいプルームテクトニクス学説で、さらにいろいろなことがわかるようになっています。プルームとは立ち上る煙などの意味をもつ英語に由来しています。

しずみ込み帯
海洋プレートは和達・ベニオフ面という領域に沿って他のプレートの斜め下にしずみ込みます。これに沿って、深い震源の地震が発生します。

弧状列島
移動してきた海洋プレートが大陸地殻の下にしずみ込むと、深い海である海溝と弧状の島＝島弧ができます。島弧の海側と大陸側には火山の列がつくられます。

ホットスポットの古い火山

大陸地殻

マントルの対流
マントルの中では熱が大きく対流を起こしています。

スラブ（プレートの先端）
しずみ込んだプレートの先端は、上部マントルと下部マントルの境界付近からやがて下部マントルに落下しプレートを引っぱります。

スーパーホットプルーム
南太平洋にはタヒチ島など活動的な火山島が多数あります。この海域の海底には、下部マントルの中で発生したスーパーホットプルーム（熱の上昇流）があって、マグマの供給源となっています。

スーパーコールドプルーム
スラブは、スーパーコールドプルーム（熱の大規模な下降流）によって、さらに下部マントルの底までしずみ込んでいます。

外核

内核

マントルの語源は、マント（外套）などのおおうものという意味です。地球の場合、核をおおうものという意味で使われています。

プレートの運動

地球上の主な地殻変動は、長い間のプレートの運動で起こっています。プレートの運動はしずみ込むスラブの重さに引っぱられることが原因であると考えられています。

もっと知りたい！

トモグラフィーで見る地球内部

地球内部の様子は地震波の伝わる速度で調べます。地震波は同じ岩石でも温度が低いところでは、高いところより速く伝わります。トモグラフィーは地球内部の温度を画像にしたもので、色によって温度がちがいます。

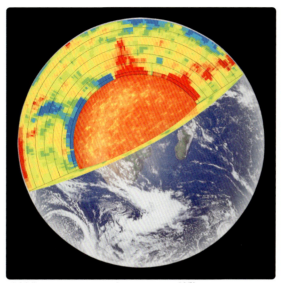

地震波トモグラフィーで見たマントルの構造

ホットスポットにできた火山
ホットプルームが上昇し、マントル深部にマグマ源として固定され、その上をプレートが移動していくと、火山島の列となります。ハワイ諸島や天皇海山列はこのようにしてできました。

プレートの運動

海底の広がる方向

上部マントル

下部マントル

海嶺

海嶺で地殻がつくられる

海嶺は海洋底からそびえている海底山脈で、大陸を取り巻くように世界中の海に続いています。そこでは、高温のマグマが上昇して新しい海洋底がつくられ、頂上には深い割れ目ができ、これに直交するトランスフォーム断層が多数できています。

海底の広がる方向

天皇海山列は、ハワイ諸島から、北はカムチャツカ半島の根元まで続く海底山脈で、アメリカの海洋学者によって名づけられました。

大陸移動と大山脈

20世紀初め、ドイツのウェゲナーは、約2億年前の地球上にはひとつの巨大な大陸しかなく、それがやがて分かれて移動し、現在の大陸のすがたになったとする「大陸移動説」を発表しました。このように考えるようになったきっかけは、南アメリカ大陸の東側の海岸線の形と、アフリカ大陸の西側の海岸線の形がとてもよく似ていることでした。彼は、巨大大陸をパンゲア（超大陸）、パンゲアを囲む大きな海をパンサラッサ（汎太平洋）と呼びました。現在は、さまざまな証拠から支持されているこの学説も、当時は多くの学者から反対されました。

アルフレッド・ウェゲナー (1880～1930)

ドイツで生まれた気象学者です。各大陸に残る氷河のあとや、地層や化石の分布を調べ、大陸移動説を主張しました。49歳のときグリーンランドの探検中になくなりました。

大陸移動の歴史

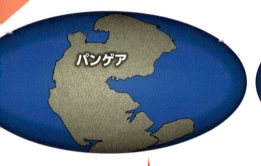

2億5000万年前

中生代の三畳紀、陸地は今のように細かく分かれておらず、地球上には、パンゲアと呼ばれる大きな大陸がありました。

1億5000万年前

中生代のジュラ紀、パンゲアが大きくローラシア大陸とゴンドワナ大陸に分かれました。また、南極とオーストラリア大陸がゴンドワナ大陸から離れ始めました。

8400万年前

アフリカ大陸からインドが離れ、マダガスカル島を残してインドが北上します。南極とオーストラリア大陸の間の海が広がります。

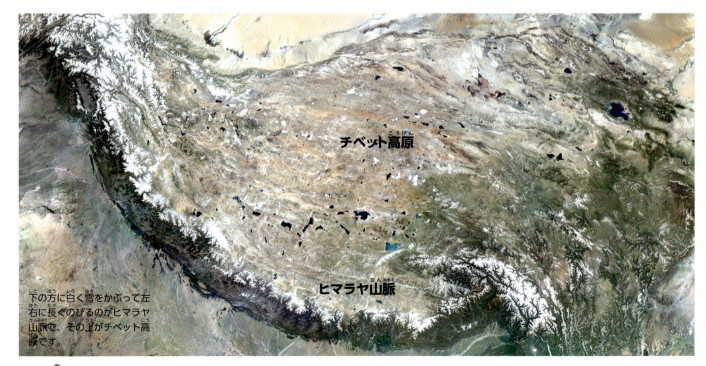

下の方に白く雪をかぶって左右に長くのびるのがヒマラヤ山脈で、その上がチベット高原です。

大陸の移動は、人工衛星を使って観測されます。1年間で最大数cm～10cmくらい動く場合があります。

大陸移動の証拠

現在では、大陸移動の証拠は数多く上げられます。図は海底の岩石に残る地磁気のしま模様です。地磁気は長い間に磁場の南北が入れかわります。大洋底の海嶺でマグマが固まって溶岩になるとき、その時代の南北の磁場が記録されます。プレートは海嶺の両側に広がっていくので、磁場の南北の反転の様子がしま模様となって残るのです。このしま模様は海嶺を軸にして対称的にならび、海嶺からはなれるにつれてより古い時代の記録として残ります。なかには、そのしま模様から移動の速度までわかっているものもあります。

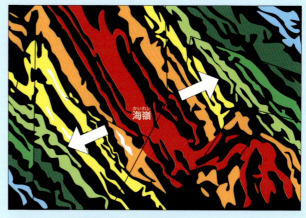

海嶺における地磁気のしま模様
地磁気のしま模様は海嶺に平行にならびますが、これが切れたり折れ曲がったりすることもよくあります。

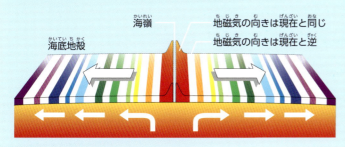

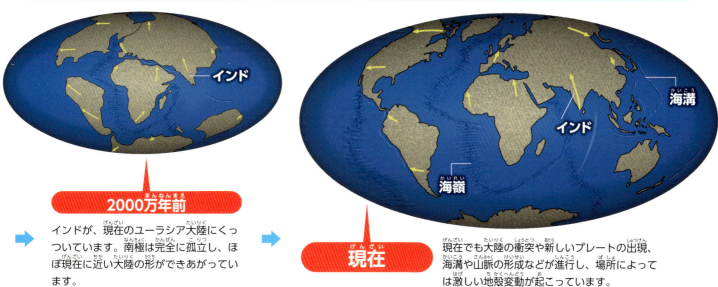

2000万年前
インドが、現在のユーラシア大陸にくっついています。南極は完全に孤立し、ほぼ現在に近い大陸の形ができあがっています。

現在
現在でも大陸の衝突や新しいプレートの出現、海溝や山脈の形成などが進行し、場所によっては激しい地殻変動が起こっています。

ヒマラヤ山脈はこうしてできた

古生代から新生代にかけて、ユーラシア大陸とゴンドワナ大陸の間に存在したテーチス海という海に堆積した堆積岩と、それが変化した変成岩がヒマラヤ山脈をつくる岩石の大部分です。

そのため、エベレストの頂上近くにあるイエローバンドと呼ばれる石灰岩には、中生代の浅い海に生きていたアンモナイトや貝の化石が入っています。テーチス海は古生代の後期から新生代まで存在し、その地層には多くの化石がふくまれていて、当時の海の様子を知ることができます。

ウェゲナー以前にも、大陸移動について唱えた人はいましたが、当時の最新資料をもとに理論的に発表したのはウェゲナーが最初でした。

日本列島の誕生

日本列島は、アジア大陸の東のふちにあり、さまざまな島からなる弧状列島といわれる形をしています。古生代の終わりにはアジア大陸はいくつかの陸地に分かれていて、日本列島の基盤もその中にありました。新生代の中ごろ、アジア大陸の東のはしで活発な火山活動が起こり、弧状列島ができはじめます。7万年前、最終氷河期をむかえたころに、日本列島は現在のすがたになりました。日本列島が現在のすがたになったのは、地質時代でいえばごく最近のことですが、その基盤の歴史は古く、岩石からはおよそ20億年前までさかのぼることができます。

宇宙から見た日本列島の一部。海に囲まれており、大小さまざまな島が集まっているのがわかります。

日本列島の成り立ち

古生代の終わりごろ
3億年前〜2億8000万年前

南中国地塊のふちにできつつあった日本列島の原型に向かって、南の海からプレートにのって秋吉海山列（現在の秋吉台の石灰岩のもと）が近づきました。

新生代の中ごろ
2500万年前

日本列島の基盤は、大部分が古いアジア大陸にふくまれていて、はなれようとする時期です。このころの植物化石を見ると、現在よりややあたたかな気候だったようです。

ハワイ諸島はプレートの運動により日本に近づいており、約8000万年後には日本と陸つづきになると考えられています。

1500万年前
新生代の新第三紀の終わりごろです。日本海の誕生で、弧状列島のもとがつくられました。東北地方近くまであたたかく、温帯林と熱帯雨林がまざりあった気候でした。

500万年前
日本列島の大きな折れ曲がりと地質構造ができました。南からプレートにのり、やがて伊豆半島になる基盤も北に上がってきました。気候は、現在とほぼ同じでした。

2万年前
2万年前の日本列島の年平均気温は、現在より5〜8℃低く、東京が札幌くらいの気候でした。

氷河時代（氷河期）の日本列島

今から7〜1万年前、最終氷期という、地球が冷え込んだ時期がありました。この時期には、陸地の多くが氷でおおわれ、氷河も発達しました。また、海面が今より100m以上も下がった結果、陸地面積が大きくなり、日本列島の南北が大陸とつながり、大陸からさまざまな動物が渡ってきました。現代の日本にはゾウのなかまは生息していませんが、ナウマンゾウやマンモスの化石も見つかっています。（氷期の大陸とのつながり方には、いろいろな説があります）

ナウマンゾウの歯の化石

氷河期はまだ終わっておらず、現在は氷河期の比較的あたたかい時期の「間氷期」にあたります。

地球をつくる岩石

地球は、その半分以上がかんらん岩という岩石からなるマントルで構成されていて、さらに表面はさまざまな種類の岩石からなる地殻でおおわれています。岩石にはさまざまなでき方があり、大きく火成岩、堆積岩、変成岩に分けられます。

長野県の「寝覚の床」。木曽川が火成岩の1種である花こう岩をけずってできた風景です。

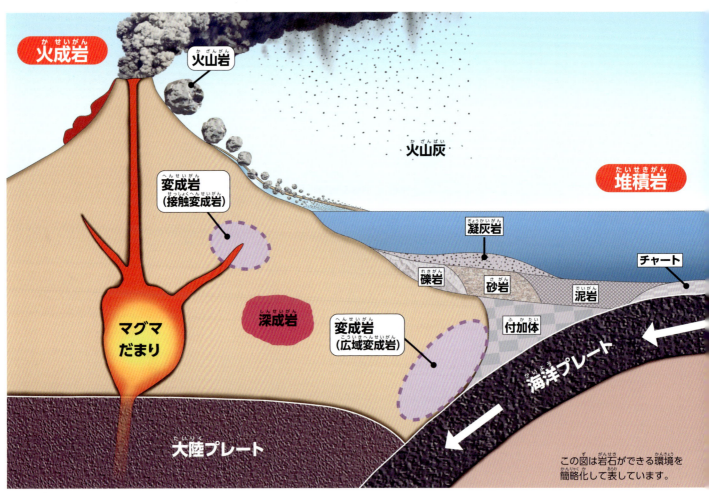

この図は岩石ができる環境を簡略化して表しています。

マントルの岩石は上昇するマグマにもち上げられ、地表に出てくることがあります。地球内部を調べる重要な手がかりになります。

岩石をつくる鉱物

岩石は、さまざまな種類の鉱物が集まってできています。たとえば火成岩は石英、長石類（カリ長石、斜長石）、輝石、角閃石、かんらん石、黒雲母といったケイ酸塩鉱物からできています。岩石をつくるおもな鉱物を造岩鉱物と呼びます。

石英
二酸化ケイ素が結晶した鉱物で、透明なものは水晶と呼ばれます。

花こう岩をつくる鉱物

花こう岩は火成岩の1種です。火成岩の中でも、深い場所でマグマがゆっくりと冷えてかたまるときにできる深成岩です。白い鉱物の中に黒い鉱物が見えます。

カリ長石
カリウムを多くふくむ造岩鉱物です。ピンク色や白、淡い褐色をしています。

斜長石
火成岩や変成岩によく見られる、最も多い造岩鉱物です。ナトリウムを多くふくむ曹長石と、カルシウムを多くふくむ灰長石に分けられます。

磁鉄鉱
強い磁性をもつ、黒い造岩鉱物です。砂浜などにある砂鉄の主成分です。

黒雲母（金雲母）
結晶の平らな面で、うすくはがれる特徴をもちます。流紋岩や安山岩、片麻岩などにもふくまれています。

岩石ができるところ

岩石は、そのでき方によって大きく3種類に分けられます。
・火成岩はマグマが冷えて固まったものです。地下深くでできる深成岩と、火山の噴火など浅い場所で急激に冷え固まった火山岩があります。
・堆積岩は海底や湖の底などに小さくなった岩石や生き物の死骸などが堆積してできます。
・変成岩は火成岩や堆積岩がマグマの熱や高い圧力の作用を受けて変化したものです。
これらに分類できない、中間的な特徴をもつ岩石もあります。

岩石の利用

じょうぶで美しい模様をもつ天然の岩石は、昔から家などの建物を建てる材料などに使われてきました。柱、床、屋根材、墓石など、用途に応じて岩石の特徴を活かした加工や利用がされています。採掘される地名にちなんだ名前がつけられた岩石も各地にあります。

浴室の壁に使われた大理石。石材としては結晶質石灰岩の他、色や模様がある石灰岩や砂岩、蛇紋岩などもふくまれます。

墓石にはよく御影石が使われます。御影石は正式な岩石の分類名ではなく、花こう岩など、複数の岩石を示していることがあります。

1576年、織田信長によって築かれた安土城（滋賀県）は、日本最古の本格的な石づくりの城といわれ、安土山で産出する湖東流紋岩が使われています。今でも石垣のあとが残っています。

 鉱物が決まった方向に、平面状にはがれる性質を劈開といいます。

火成岩

マグマが固まってできた岩石を火成岩と呼びます。火成岩はできたときのマグマの冷え方のちがいで深成岩と火山岩の二種類に分けられます。地殻の中のマグマだまりがゆっくりと冷えると、鉱物が結晶して固まり、深成岩になります。地表付近でマグマが比較的早く冷えて固まると火山岩になります。また、地殻の大部分は火成岩からできています。

デビルズ・タワー。アメリカのワイオミング州北東部にある高さ386mの柱状節理の発達した巨大な岩石の柱です。火山岩の一種フォノライト（響岩）が中生代の地層中にできたものです。周囲の地層は侵食されても岩石は残り、産出状態から溶岩岩栓と考えられています。

深成岩

斑れい岩
濃緑色から黒っぽい岩石で、輝石やかんらん石に灰白色の斜長石などの結晶が目立ちます。手にとると重く感じるものが多いです。

閃緑岩
花こう岩と同じように見えますが、有色鉱物は輝石や角閃石が目立ち黒雲母はふくまないものが多いです。斜長石は少なく、石英はないものが多いです。

花こう岩
石英、斜長石、長石、黒雲母をほぼ同じ量ふくみ、全般的に白っぽく見えます。外国産は、赤から茶褐色の長石を多くふくむものがあります。

かんらん岩
濃緑色から黄色がかった緑のちみつな岩石で、ずしりと重いです。主にかんらん石と輝石からできた岩石で、上部マントルを構成しています。

噴火したときにマグマの中にできた鉱物や溶岩が砕かれ、火山弾として噴出します。これも火山岩の一種です。

火成岩ができるところ

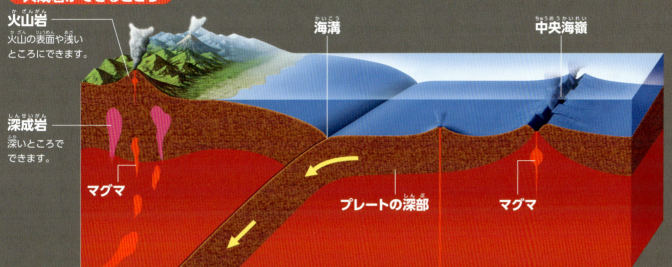

- **火山岩**: 火山の表面や浅いところにできます。
- **深成岩**: 深いところでできます。
- **マグマ**
- **海溝**
- **プレートの深部**
- **中央海嶺**
- **マグマ**

火山岩

安山岩
表面は灰色のものが多いです。肉眼で見えるような大きさの、灰白色で短冊状から柱状の斜長石、黒から濃緑色の輝石や角閃石などがふくまれます。透明な石英が見えるものもあります。

玄武岩
黒っぽい岩石で全体に鉱物の粒は小さいです。細長く灰色の斜長石や濃い茶褐色の粒状のかんらん石がふくまれます。

流紋岩
白っぽいものが多いですが、風化で色は変化します。流れたような模様があり、石英、斜長石、黒雲母が見えるものもあります。

デイサイト（石英安山岩）
安山岩とほぼ同じに見えますが、石英が輝石、角閃石、斜長石をうめたようになっているものが多いです。

黒曜石
黒から灰色で、すかして見るとガラスのように見えます。割れ目は鋭く、石器時代には矢じりなどに使われました。

北海道や長野県を中心に、日本には80か所以上の黒曜石産地が確認されています。

堆積岩

礫や生物の遺骸などが堆積して（積み重なって）できた岩石が堆積岩です。堆積岩はでき方から、生物岩、化学岩、砕屑岩の3種類に分けられます。砕屑岩は岩石が風化作用でこわれたり、変質したものが、風や川、海の流れなどで運ばれて堆積したものです。生物岩は生物の遺骸などが堆積した岩石です。化学岩は海水や湖水の化学成分が直接沈殿して堆積したものです。化学岩と生物岩にはでき方が両方に関係した岩石もあり、生物化学岩とする場合もあります。堆積岩をくわしく調べると、地質時代の陸や海の環境を知ることができます。

● でき方のちがいによる堆積岩の分類

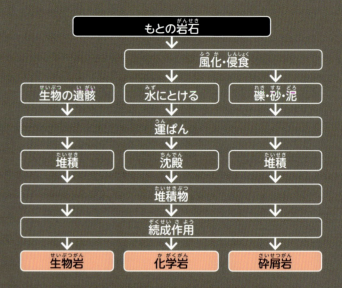

生物岩

石灰岩
灰色や白色で炭酸カルシウムが主成分です。やわらかく、ナイフで傷がつきます。有孔虫、フズリナ、サンゴ、貝類などの化石が入ったものも多くあります。

チャート
色は赤、茶褐色、緑、灰色、黒などさまざまです。しま模様が見えるものもあります。また、放散虫などの微化石が入っているものもあります。

化学岩

岩塩
海水が蒸発してできるもので、無色透明のものから桃、青、紫、黄などさまざまな色をもつものがあります。食用に使用されることもあり、湿度が高いところに置いておくととけてしまいます。

石こう岩
石こうは白やあわい黄色をした鉱物で、石こうのみでできた岩石のことを石こう岩と呼びます。海水から結晶が沈殿してできたもので、セメントや石こうボードの原料、彫刻などに使用されています。

堆積岩は地球上のさまざまな場所でできますが、大きく分けると陸上と海底で、それぞれ陸成層、海成層といいます。

堆積岩ができるところ

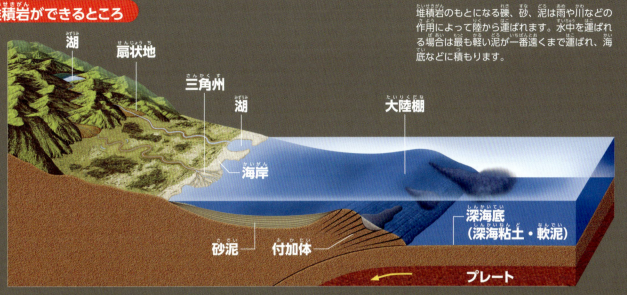

堆積岩のもとになる礫、砂、泥は雨や川などの作用によって陸から運ばれます。水中を運ばれる場合は最も軽い泥が一番遠くまで運ばれ、海底などに積もります。

砕屑岩（さいせつがん）

礫岩（れきがん）
大きさ2mm以上の粒が固まった岩石で、丸い礫が集まったものは円礫岩、角ばった礫が多いものは、角礫岩といいます。

砂岩（さがん）
粒子の大きさが2mm未満のもので、角がやや取れて、丸みをもった砂粒や、石英の粒が自立つものもあります。全体の色もさまざまです。

泥岩（でいがん）
粒の大きさが1/16mmより小さい、泥が固まった岩石で、黒いものが多く、灰色や茶褐色のものなどもあります。

凝灰岩（ぎょうかいがん）
火山灰が、陸上あるいは水中に堆積してかたまった岩石です。火山弾や軽石、火山礫などが入ったものもあり、緑色のものが多いようです。

頁岩（けつがん）
黒色の泥岩によく似たものが多いですが、厚さ数cmではがれやすいです。黒色の他に赤紫色や緑色のものがあります。

礫・砂・泥の大きさ

砕屑物の大きさは粒の直径で表します。それぞれ直角に交わる3本の軸（長軸、中軸、短軸）を定規で測定し、その平均値を直径とします。平均値が2mm以上は礫として砂と分けます。砂と泥は1/16で分けます。このような粒の細かいものは、長い水管で沈降速度を計ったりふるい（メッシュ）や顕微鏡などで計ります。また、指先でこすり、ざらざらを感じるかが砂と泥の境目になります。

	粒の大きさ	堆積物（未固結）	堆積岩（固結）	
火山砕屑岩	64mm以下			
	2mm以上	火山礫	→ 凝灰角礫岩など	（輝緑凝灰岩）
	2mm未満	火山灰	→ 凝灰岩	（緑色岩）
砕屑岩	2mm以上	礫	→ 礫岩	
	1/16～2mm	砂	→ 砂岩	
	1/256～1/16mm	シルト 〕泥	→ 泥岩	→ 粘板岩
	1/256mm以下	粘土		

陸成層は砂漠、湖、扇状地、三角州などの上にできます。沿岸海域、大陸棚、大陸斜面、深海底などが海成層のできるところです。

変成岩

変成岩は地下の高温、高圧の場所にある堆積岩や火成岩が、変成作用(岩石の中で鉱物が再結晶すること)により特有の鉱物の組み合わせをもった岩石に変化したものです。主に熱が強く作用した接触変成岩と、圧力と熱の両方が作用した広域変成岩の2つに分けられます。再結晶した鉱物は、岩石の中で配列を変えて方向性が変わる場合もあり、うすくはがれやすい片理構造や、しま模様ができたりします。

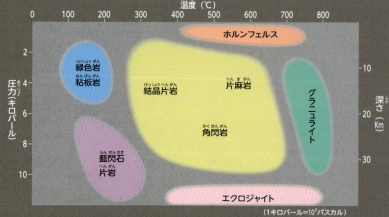

再結晶作用でできる新しい変成鉱物の組み合わせをもった変成岩を表しています。縦軸は地表からの深さに相当する圧力、横軸は温度です。

接触変成岩

結晶質石灰岩(大理石)
石灰岩が熱による接触変成作用を受けると、方解石が再結晶し、均質な大理石ができます。

ホルンフェルス
泥岩や砂岩などがマグマの熱を受けると、アルミニウムを主成分とする粘土鉱物から、キンセイ石などの変成鉱物ができます。

圧力による変化

火山の噴火によってふき出す火山灰は、広く陸上や海底に堆積して堆積岩(凝灰岩)の層をつくります。
その後、地下で圧力が加わると片岩(緑泥片岩)に変わります。その際、ふくまれる鉱物の破片が向きを変えます。

凝灰岩
凝灰岩を岩石顕微鏡で観察すると、緑泥石、斜長石、石英などの鉱物の破片が、一定の方向を向かないでバラバラになっています。

緑泥片岩
凝灰岩が地下で強い圧力を受けると、鉱物が向きを変えてならんで、片理という性質ができます。

大理石には生物の化石がふくまれることがあります。

変成岩ができるところ

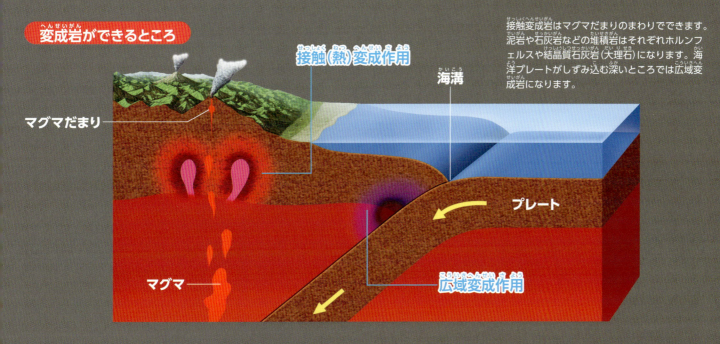

接触変成岩はマグマだまりのまわりでできます。泥岩や石灰岩などの堆積岩はそれぞれホルンフェルスや結晶質石灰岩（大理石）になります。海洋プレートがしずみ込む深いところでは広域変成岩になります。

広域変成岩

片麻岩
花こう岩に似ていますが、黒雲母や角閃石の結晶がしま状にならんだり、石英などが大きなレンズのような形になったりします。

紅れん石片岩
片理がよく発達した結晶片岩で、ピンク色から赤紫色の紅れん石がふくまれています。絹雲母、斜長石、石英などの結晶もならんでいます。

石英片岩
主に石英の結晶が一定方向にならび、斜長石や絹雲母、角閃石などをふくむものもあります。

角閃岩
光に反射してキラキラと輝くのが特徴です。玄武岩や安山岩が地下深くで500〜800℃の温度にさらされるとできます。

蛇紋岩
もろく傷つきやすい岩石です。マントルにあるかんらん岩が地下深くで水と化学反応することで生まれます。

千枚岩
頁岩や泥岩が変成作用によって変化したものです。薄くはがれるように割れる特徴があります。

雲母のことを英語でマイカと呼びます。

くらべてみよう
誕生石の世界

誕生石は1月から12月までの各月にそれぞれ当てはめられた宝石で、自分の誕生月の宝石を身に着けると幸運が訪れるという言い伝えがあります。由来にはさまざまな説がありますが、現在広く用いられているのは1912年にアメリカの宝石業界により定められたものがもとになっています。

1月の誕生石

ガーネット(ざくろ石)
鉱物名は結晶がざくろの実に似ていることに由来します。古代エジプトではファラオの首飾りに使用されるなど、古くから活用されている宝石です。

2月の誕生石

アメシスト(紫水晶)
少しだけふくまれている鉄分によって紫色になった水晶です。加熱すると色が黄色に変化することが知られています。

3月の誕生石

アクアマリン(緑柱石)
透き通る水のような美しさからラテン語で海水を意味する名前がつけられています。原石は六角柱状の結晶になる緑柱石という鉱物です。

4月の誕生石

ダイヤモンド
最もかたい鉱物として知られています。地下200kmほどの圧力が高い環境で形成され、八面体や十二面体の結晶として産出します。

5月の誕生石

エメラルド(緑柱石)
緑柱石のうち、濃い緑色をした結晶がエメラルドと呼ばれています。ひびが入っていたり透明度が低いものが多く、美しい結晶は大変希少です。

6月の誕生石

ムーンストーン(月長石)
透明度が高く、みがくと青白い閃光が現れる長石のなかまを総称した宝石名です。月光を思わせる独特の輝きはシラーと呼ばれています。

7月の誕生石

ルビー（コランダム）
原石のコランダムはダイヤモンドについで硬度が高い鉱物です。ヨーロッパでは情熱を象徴する石として古くから重宝されていました。

8月の誕生石

ペリドット（かんらん石）
若草色をした宝石です。原石のかんらん石は上部マントルの主要な構成物として知られている他、隕石の中にもふくまれていることがあります。

9月の誕生石

サファイア（コランダム）
コランダムのうち、赤いもの以外をサファイアと呼びます。濃い青色をしたものが有名ですが、黄色やピンク色のものもあります。

10月の誕生石

トルマリン（電気石）
原石の名前は熱を加えると静電気を帯びることにちなんだものです。緑、紫、赤、ピンク、黄、青など、多彩な色の宝石があります。

11月の誕生石

トパーズ（黄玉）
大きく分けるとオレンジ色系と青色系の二種の色味をもつ宝石です。日本でも宝石質の原石が産出しています。

12月の誕生石

タンザナイト（灰れん石）
タンザニアで発見された美しい青紫色をした宝石です。見る角度によって色が変化する多色性という性質をもっています。

宝石採掘の現場

世界有数の宝石産地として知られるスリランカでは、砂利がたまった川の底や田んぼの中からも宝石の原石が見つかります。主にざるで砂利をすくい上げて細かい砂を落とし、残った石の中から原石を探し出すという地道な作業での採掘が行われています。サファイアやルビー、ガーネット、ムーンストーン、トルマリン、トパーズなどの原石がこの方法で採掘され、世界各国に輸出されています。

川での採集の様子。たくさんの砂利の中から価値のある原石を探し出します。

くらべてみよう
摩訶不思議な鉱物の世界

鉱物は人の手をかいさずに天然に産出する、一定の化学組成をもった結晶です。現在までに4600種を超える鉱物が発見されてきており、毎年数十種のペースで新種が見つかっています。自然につくり出された形はまさに地球の芸術品です。

孔雀石 Malachite
断面の模様がクジャクの羽に似ていることからこの名がついています。砕いた粉はアイシャドウとしても使われていました。

蛍石 Fluorite
熱を加えると光る特徴があります。ゾーニングと呼ばれる、色や濃淡のことなる帯状の模様が入ることがあります。

菱亜鉛鉱 Smithsonite
結晶になることはまれで、ほとんどはぶどうや膜のような形で見つかります。酸をかけると簡単にとけてしまいます。

輝安鉱 stibnite
日本刀のような結晶の形状で有名な鉱物です。かつて愛媛県の市ノ川鉱山では50cmに達する巨大結晶が産出しました。

十字石 Staurolite
その名の通り十字状の結晶として産出することの多い鉱物です。西洋では古くから聖なる石としてお守りにされていたようです。

魚眼石 *Apophyllite*
火山岩や変成岩のすきまなどにできます。ふくまれる成分によってさまざまな色になりますが、緑色をしたインド産のものが有名です。

石英（日本式双晶） *Quartz*
2つの結晶がハート型に接合した石英を日本式双晶と呼びます。明治時代に日本産のものが有名になったためこの名がつけられました。

モリブデン鉛鉱（水鉛鉛鉱） *Wulfenite*
四角い板状で産出することの多い鉱物です。透明度が高いガラスのような結晶が標本として人気を集めています。

黄鉄鉱 *Pyrite*
サイコロに似た規則的な結晶が人気の鉱物です。よく金にまちがえられたことから愚者の金と呼ばれていました。

紅鉛鉱 *Crocoite*
橙がかった赤い柱状の結晶が美しい鉱物です。かつては油絵具の原料として使用されていました。

菱マンガン鉱 *Rhodochrosite*
バラ色の美しいひし形の結晶が特徴的な鉱物です。南米でよく見つかることからインカローズと呼ばれることもあります。

くらべてみよう
美しい石たち

地球上にはさまざまな鉱物や岩石が存在し、そのひとつひとつがことなる色や形をもつ唯一無二のものです。絵の具のような鮮やかな色、想像をかき立てる不思議な形。一期一会の石の世界をのぞいてみましょう。

数字の8のような形

菱マンガン鉱（ロードクロサイト）
きばのような形の結晶や、年輪のように重なった模様など、さまざまな形をつくり出す鉱物です。右の標本はなんだか数字の8に見えてきますね。

内側に成長したアメシスト

アメシストのジオード
ドーム状の構造のすきまに結晶が成長したものをジオードと呼びます。大きく成長することもあり、中には大人がすっぽりはまってしまう大きさのものもあります。

傾けると色が変化する

曹灰長石（ラブラドライト）
成分のちがう結晶が交互に重なっており、光の当たりかたによって青やオレンジ色などさまざまな色に輝きます。

トルマリン（リディコータイト電気石）
この標本は柱のような結晶を横にスライスしたものです。特徴的な三角形の模様は成分のちがいによって現れたものです。

- 内側から外側に成長した結晶
- 水晶の中で成長した二酸化マンガンの結晶

忍石（デンドライト）
岩石の表面、水晶やめのうの中によく見られる二酸化マンガンなどの結晶です。シダなどの植物化石にまちがえられることもあります。

- 光を当てたときにできる線
- とじこめられた太古の昆虫
- 主成分が鉛のためずっしりと重い

スターサファイア
サファイアやルビーの中には光を当てると6本の光の線が現れるものがあります。この光が星のように見えることから、これらは特別にスターサファイア、スタールビーと呼ばれます。

琥珀（アンバー）
太古の時代の木から流れ出た樹液が、地中で長い時間をかけて化石になったものです。当時生きていた虫や植物をふくんでいることがあります。

- 特徴的な表面の構造

モルダバイト
隕石の衝突によって地球の岩石がとけたのち、急激に冷やされてできた天然のガラスです。モルダウ川の流域で発見されたことからこの名がつきました。

緑鉛鉱（パイロモルファイト）
名前のとおり植物のようなみずみずしい黄緑色が人気ですが、紫色や黄色、橙色のものもあります。火であぶると簡単にとけてしまいます。

地球のつくり

化石燃料

石油・天然ガス・石炭などの化石燃料は、大切なエネルギー資源で、わたしたちの生活はこれらによって成り立っています。これらの資源は、地質時代の生物の遺骸が堆積し、埋没して地下の圧力や熱の作用を受けてできたもので、その量には限りがあります。その他の化石燃料の開発や、新しい採掘方法などがさかんに研究されています。

秋田県の八橋油田。現在でも産油を続けている数少ない国内油田のひとつで、市街地に開いた採掘用の井戸からポンプで原油がくみ上げられます。

石油

石油は、世界各地にある油田からくみ上げられた原油を精製した液体です。運搬や貯蔵に便利で、燃料としてだけでなく、化学工業製品の原料にも使われます。石油と天然ガスの原油は、地質時代に海に生きていた微生物の死骸が、バクテリアのはたらきで分解され、地熱や圧力が加わってできたと考えられています。

身のまわりにある多くのプラスチック製品の原料は石油です。

石油から精製されるガソリンは自動車の燃料として活用されます。

道路の舗装に使われるアスファルトも石油由来の物質です。

石油、天然ガスのでき方

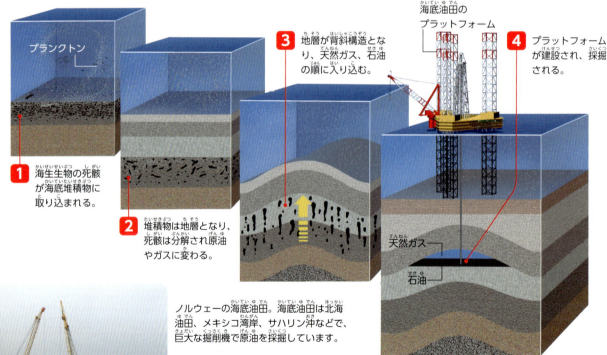

1 海生生物の死骸が海底堆積物に取り込まれる。
2 堆積物は地層となり、死骸は分解され原油やガスに変わる。
3 地層が背斜構造となり、天然ガス、石油の順に入り込む。
4 プラットフォームが建設され、採掘される。

ノルウェーの海底油田。海底油田は北海油田、メキシコ湾岸、サハリン沖などで、巨大な掘削機で原油を採掘しています。

石油の精製

採掘された原油は製油所に運ばれ、加熱炉で350℃に熱されます。加熱された原油の中にふくまれている成分は温度によって分かれ、ガソリン、プラスチック製品のもとになるナフサ、ディーゼル燃料の軽油、船の燃料になる重油などのさまざまな石油製品に生まれ変わります。

沸点	各種石油留分
35℃	LPガス
35～180℃	ガソリン・ナフサ
170～250℃	灯油・燃料油
240～360℃	軽油
360℃以上	重油
	アスファルト

日本で使われるエネルギーは、ほとんどが外国から輸入された燃料でつくられています。

石炭

石炭は、地質時代の植物の遺骸が地層の中に堆積し、埋没して長い間に地熱や圧力を受けて炭化したもので、燃料などとして古くから使われてきました。長崎県の端島（軍艦島）や北海道の夕張炭坑など、日本国内でもたくさん採掘されていました。

無煙炭 炭素を最も多くふくんだ石炭で、燃やした際の煙やにおいが少ないのが特徴です。

瀝青炭 比較的やわらかく、無煙炭の次に炭素を多くふくんだ石炭です。

褐炭 水分や不純物が多い低品質の石炭で、燃やすと大量の煙を発生させます。

石炭のでき方

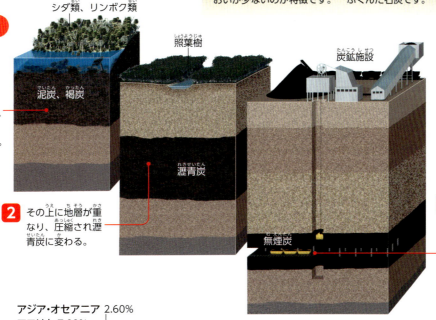

1. 腐敗した植物から泥炭ができて堆積物にうまり、圧縮されて泥炭から褐炭になる。
2. その上に地層が重なり、圧縮され瀝青炭に変わる。
3. さらに地層が積み重なると、エネルギーの高い無煙炭となる。炭坑が建設され、地下の炭層に沿って水平坑道が掘られ、採掘される。

化石燃料の埋蔵量

これらの天然資源には埋蔵量があります。地域によって存在量に差があり、これを偏在性といいます。

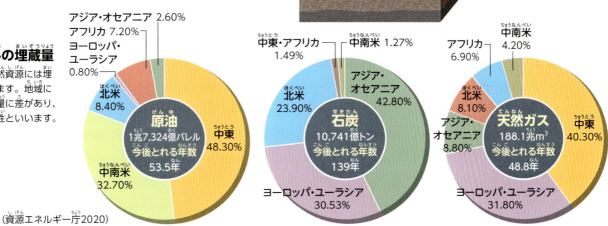

原油 1兆7,324億バレル 今後とれる年数 53.5年
- 中東 48.30%
- 中南米 32.70%
- 北米 8.40%
- ヨーロッパ・ユーラシア 0.80%
- アフリカ 7.20%
- アジア・オセアニア 2.60%

石炭 10,741億トン 今後とれる年数 139年
- アジア・オセアニア 42.80%
- ヨーロッパ・ユーラシア 30.53%
- 北米 23.90%
- 中東・アフリカ 1.49%
- 中南米 1.27%

天然ガス 188.1兆m³ 今後とれる年数 48.8年
- 中東 40.30%
- ヨーロッパ・ユーラシア 31.80%
- アジア・オセアニア 8.80%
- 北米 8.10%
- アフリカ 6.90%
- 中南米 4.20%

（資源エネルギー庁2020）

新しい燃料

持続可能なエネルギー資源の活用を目指し、石油や石炭に代わるさまざまな燃料の発掘やその活用のための研究が進められています。

シェールガス

頁岩から採取される天然ガスで、これまでのガス田ではない場所から生産されます。シェールは頁岩で、細かい泥が堆積して固まった泥岩の一種です。アメリカでは1990年代から、地下に掘り込んだパイプから、高い圧力を加えた水で頁岩に割れ目をつくり、ガスを採取できるようになりました。現在では新しい天然ガス資源として、世界各地で生産されています。

オイルシェール。油母頁岩ともいい、熱を加えて出るガスをエネルギー資源として利用します。

メタンハイドレート

水と天然ガスの主要成分であるメタンが結びついたシャーベットのような物質です。深海やシベリアの永久凍土の中など、温度が低く圧力の高いところで生成されます。日本のまわりの海にも大量に存在しており、使用時に排出されるCO_2（二酸化炭素）が少なく生み出すエネルギーが大きいという利点もあることから、次世代のエネルギー源として開発が進められています。

メタンハイドレートの燃焼の様子。「燃える氷」と呼ばれることもあります。

軍艦島は現在無人島ですが、2009年からは一部上陸と見学が可能になり、軍艦島上陸ツアーが行われています。

岩が見せる絶景

世界各地にはさまざまな形の岩がおりなす絶景があります。特に巨大な岩は雄大な風景をつくり出し、ときには信仰の対象となることもあります。また、岩がつくり出す絶景は長い時間をかけてつくられたものも多く、地球の長い歴史を感じることができます。

20億年の軌跡
グランドキャニオン(アメリカ)
全長約450km、深さ1.6kmにもおよぶ巨大な峡谷です。コロラド川の侵食作用や長年の風雨による風化作用により、隆起した大地がけずられることによって形成されました。先カンブリア時代からペルム紀までの約20億年分の地層が露出しており、地質学的にも重要な大自然の景色です。

なぜそこに岩が!?
バランスロック
(アメリカ)
侵食作用によって地層のやわらかい部分がけずられ、先端に残ったかたい部分が転がり落ちることでできたと考えられています。御在所岳の地蔵岩など、日本各地でも同様の景色が見られます。

大地のテーブル
ロライマ山（テーブルマウンテン）
（ガイアナ、ブラジル、ベネズエラ）

3国の国境にまたがるギアナ高地にあるロライマ山は、地盤のやわらかい部分が風雨により侵食作用でけずり取られ、かたい地盤だけが台形状に残った山です。切り立った壁は約1000mにもなり、火山噴火や地震などの地質学的な影響を受けなかった最古の岩盤が残っているといわれています。

巨大な一枚岩
ウルル（エアーズロック）（オーストラリア）

地球のヘソと呼ばれることもあるウルルは、数億年にわたる侵食作用でかたい岩盤のみが取り残されて形成された地形だと考えられています。赤い色は酸化した鉄分によるものです。

まるで仙人が住む秘境
張家界国家森林公園（中国）

高さ200mを超える2000以上の巨大な石柱が立ちならんだ景観が特徴です。この石柱はシリカ成分の多い珪岩が侵食されて形成されたもので、付近には巨大な鍾乳洞も点在しています。

神秘のしま模様の峡谷
アンテロープキャニオン
（アメリカ）

砂岩の層からなる地層が侵食作用によりけずられてできた峡谷です。風雨による侵食の他、モンスーンの時期に発生する鉄砲水が谷間を流れることによって美しい通路がつくり出されました。

大地の動き

大地の動き

現在の大地はプレートや地球内部の大きな動きによってつくられました。しかし、この地球の動きは、ときに地震や火山活動を引き起こすこともあります。わたしたちが生活する日本は世界の中でも火山が多く、地震が発生しやすい地域です。地震は建物の倒壊や津波などの災害を引き起こします。また、火山活動は火砕流などによるさまざまな被害をもたらす一方で、温泉や地熱発電など、人びとの生活に恩恵を与えてくれることもあります。

ニーラゴンゴ山の溶岩湖（コンゴ）
ニーラゴンゴ山は現在も噴火を続けている活火山で、真っ赤な溶岩が見られる溶岩湖が有名です。2021年の噴火ではこの溶岩湖から流れ出た溶岩が居住地まで到達し、大きな被害をもたらしました。

火山のしくみ

火山は、地下深くにあったマグマ（マントルでとけた岩石）が地表にふき出してできた山のことです。火山はマグマの性質やその場所の地質、地形などによって噴火の形式がちがい、全体の山の形なども変化します。火山からマグマや岩石、火山灰などが放出される現象が噴火で、その規模によっては大きな災害を引き起こすこともあります。2024年現在、日本には活火山（おおむね過去1万年以内に噴火した火山および現在活発な噴気活動のある火山）が111個あります。これらの火山は、今後、噴火する可能性があります。

ブロモ山
インドネシアのジャワ島東部にそびえる標高2329mの活火山です。噴火をくり返し、直径7.5kmのカルデラがあります。

マグマと溶岩
地下で岩石がドロドロにとけている状態のものをマグマと呼び、それが地上にでてくると溶岩と呼ばれます。

もっと知りたい！ 火山のでき方

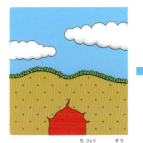
マグマだまりは地表から数～10km下にあります。

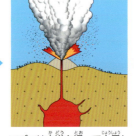
マグマは火道を通って上昇し、噴火します。

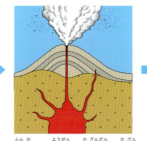
噴火した溶岩や火山弾・火山灰が山体をつくります。

火道が複数できて噴火すると、側火山ができます。

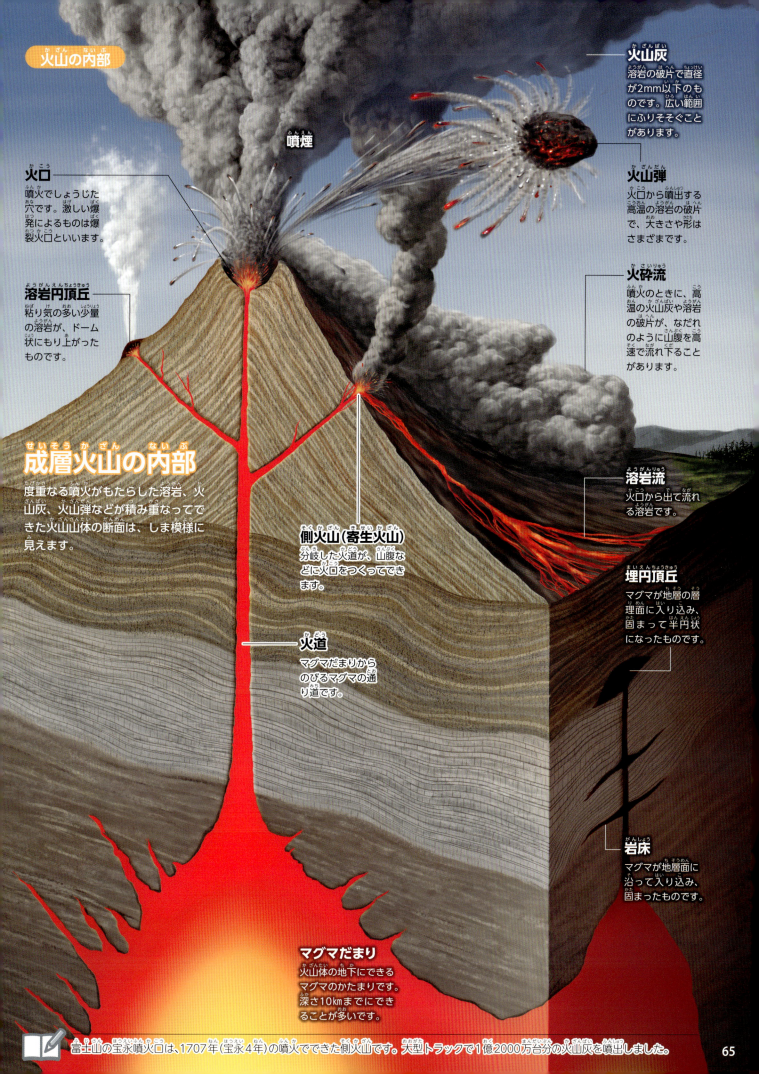

火山と地形

火山にはいくつかの種類があり、その周辺にも独特な地形をつくります。火山活動により、新たな陸地がうまれることもあります。

人工衛星から見た雲仙岳(長崎県)の噴火の様子です。白くたなびいた噴煙が観察できます。

火山砕屑丘

爆発で飛んできた溶岩の破片や火山灰などがつくる、大きな火山の近くの小高い山体です。

ダイヤモンドヘッド(アメリカ、ハワイ)

マール

爆発性の噴火でできる円形の火口で、山体にくらべて火口は大きいです。

二ノ目潟(日本、秋田県)

成層火山

くり返し噴火する火山で、溶岩や火山灰、火山礫など、粒子の大きさがちがう砕屑物を噴出し、層状に堆積物が重なることで円錐形の山体となります。

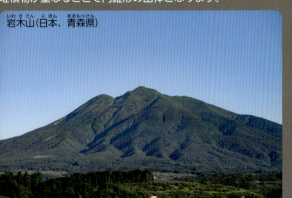

岩木山(日本、青森県)

カルデラ

火山体が陥没してできる円形のくぼ地です。水がたまったものはカルデラ湖と呼ばれます。

セロ・アスール山(エクアドル)

いろいろな火山

火山のもとになるマグマは、地表に噴出するだけでなく、海底にも溶岩流として流れ出て、特徴的な海底火山地形をつくります。海底火山は中央海嶺やホットスポット、しずみ込み帯で見られます。火山は、陸上では太平洋を取り巻く環太平洋地域や、アフリカ大陸の東側の地域などに多く見られます。

西之島（日本、東京都）

水深4000mの海底にできた火山の頂上が海面に現れた火山島です。2024年現在も活発な火山活動が続いています。

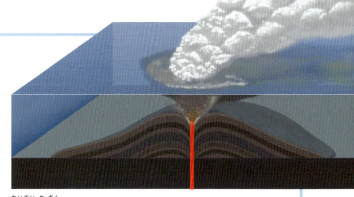

海底火山

海底で噴火が起こると溶岩に枕を積み重ねたような割れ目ができることがあり、枕状溶岩といいます。また、溶岩が急に冷やされ内部のガスが噴出して穴があき、その中に炭酸カルシウムなどが結晶して、斑点状の模様ができることがあります。

樽前山（日本、北海道）

溶岩ドーム

粘り気の強い溶岩が噴出した小型の丘や釣鐘のような山体の火山です。火口がないものが多く、溶岩円頂丘ともいいます。

楯状火山

粘り気の弱い溶岩が流れ出て、全体の形がなだらかな台地状になった火山です。全体の形が、昔の西洋の楯をふせたようになります。

マウナ・ロア（アメリカ、ハワイ）

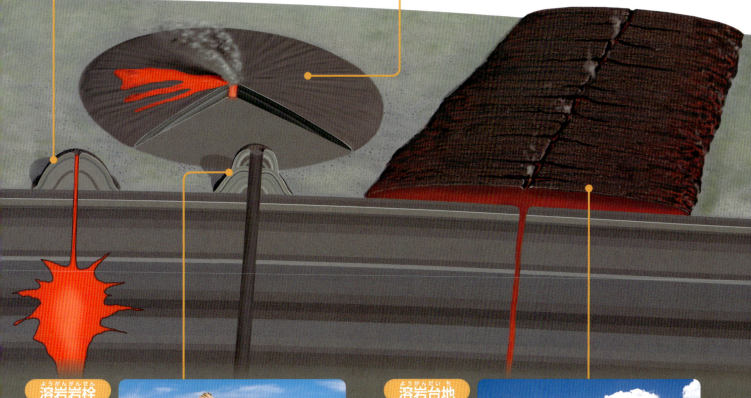

溶岩岩栓

山頂付近に粘り気の強い溶岩がおし出され、びんに栓をしたように見える地形です。

シップロック（アメリカ）

溶岩台地

流れやすい玄武岩溶岩が、大量に流れ出て広い台地をつくることがあります。インドのデカン高原や北アメリカ大陸のコロンビア台地などです。

キラウエア（アメリカ、ハワイ）

大地の動き

火山の噴火と火山のタイプ

ハワイのキラウエアの噴火です。ハワイ島の下には大量の玄武岩質マグマがあり、噴火をくり返して溶岩を流出します。その先端が海中にまで達するものもめずらしくありません。溶岩流をすぐ近くで観察できる安全な場所もあり、ハワイ観光の目玉のひとつになっています。

火山のタイプ

火山の噴火の形式は、溶岩の性質（化学組成）、SiO_2（二酸化ケイ素）の含有量に関係します。また、マグマにふくまれる水などの揮発性物質の量が多いと噴火が激しくなります。

火山の形は、大きく分けて溶岩ドーム、成層火山、楯状火山の3つがあります。

マグマ（溶岩）の性質と噴火			
二酸化ケイ素	多い	中間	少ない
粘り気	強い	中間	弱い
温度	700〜900℃	900〜1200℃	1000〜1200℃
噴火の様子	爆発的な火砕流	爆発的な溶岩流	溶岩流
冷えた溶岩の色	白っぽい	中間	黒っぽい
溶岩の性質	流紋岩質	安山岩質	玄武岩質
火山の形	溶岩ドーム	成層火山	楯状火山

マグマが地上に上がってくる途中で、二酸化ケイ素の含有量に変化が起こると考えられています。

 ブルカノ式は、イタリア南西部のブルカノ島にあるブルカノ山の活動から名づけられました。

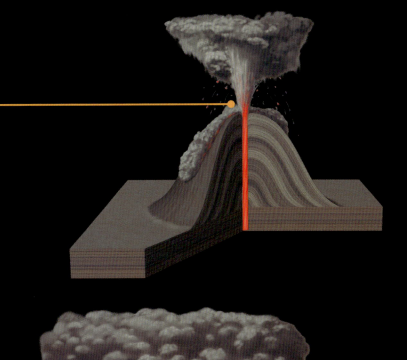

溶岩ドームの噴火
溶岩が火口をふさぐことが多く、マグマの圧力が高まるとドームを破壊し、激しい噴火を起こすことがあります。

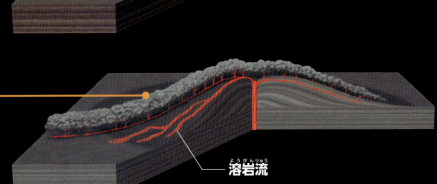

成層火山の噴火
主にブルカノ式とストロンボリ式の2つの噴火様式が見られます。山頂が大きく陥没してカルデラをつくることがあります。

楯状火山の噴火
溶岩が大量に流れ出るため、広い面積を占めます。ハワイ式噴火ともいわれます。

溶岩流

カルデラのでき方（陥没カルデラ）
大きな円錐形に近い火山が噴火をくり返して山頂の火口付近が大きく陥没し、すり鉢状のくぼ地ができます。それをカルデラと呼びます。流入する河川が少ないことが多いので、水がたまると透明度の高い美しい水をたたえたカルデラ湖ができます。

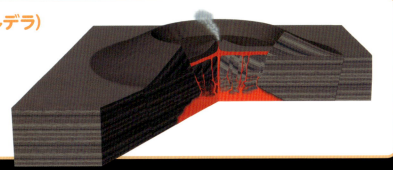

 ストロンボリ式は、イタリアのストロンボリ山から名づけられました。

火山ができるところ

世界には約1500の活火山があります。火山のあるところは、地下にマグマが発生する場所で、帯状に分布して火山帯をつくっています。このようなところは、しずみ込み帯、海嶺や地溝帯、ホットスポットに分けられます。

弧状列島の火山

マントルの中に引きずり込まれたプレートから放出された水によってマントルが部分的にとけて玄武岩質のマグマができます。その後、さまざまな変化をして主に安山岩質のマグマになり噴火します。

ホットスポットの火山

プレートの境界と特に関係なく海洋や大陸の内部にある火山で、主に玄武岩質の溶岩を噴出します。

海嶺

中央海嶺や大きな地溝帯のようなプレートが拡大する境界付近にある火山で、主に玄武岩質の溶岩が流れ出します。

海溝
海洋プレートは大陸プレートを下に引きずり込んでしずみ込み、深い溝状の海底地形をつくります。

海山
海底から高さ1000m以上もある海面下の山です。頂上は平坦なものが多く、海底火山がしずんだものが多いです。

上部マントル

ホットプルーム

世界の活火山の分布

世界には約1500の活火山があり、その分布には特徴があります。太平洋の西岸から南西岸地域、インド洋東部などに弧状列島（島弧―海溝）があり、火山が列をなしているのが目立ちます。さらにインド洋の中の海嶺にも活動的な火山がならび、東アフリカ地溝帯にも大きな火山が分布します。

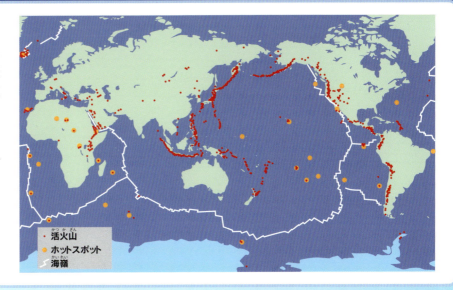

- 活火山
- ホットスポット
- 海嶺

トランスフォーム断層
2つのプレートが互いに横にずれるような動きをすると断層ができます。

地溝帯の火山
大陸地殻が左右水平方向に動くと、落ち込んだ溝状の陥没地形ができ、マントルからマグマが上昇して玄武岩質溶岩が噴出します。

海面

海底の地殻

大陸地殻

海洋プレート
海洋プレートは大陸プレートにぶつかると、内部にしずみ込みます。

大陸プレート

上部マントル

付加体
海洋プレートが海溝の下にしずみ込むところでは、プレート上の堆積物はしずみ込み帯付近に取り残され、下部から大陸側プレートにつけ加わります。

くらべてみよう
日本の火山

過去1万年以内に噴火活動が起きていたり、現在も活発に活動している火山は活火山と定義されています。日本には111の活火山があり、全世界の活火山の7％を占める火山大国です。これらは美しい景観やハイキングコースなどの観光地になっているほか、温泉や地熱などの資源をもたらします。

昭和新山
もともと平地だったところが噴火活動で隆起してできた火山です。粘り気の強いマグマによって溶岩ドームが形成されています。
● 1944年　◆ 北海道　♣ 398m

蔵王山（熊野岳）
火口湖である御釜の景色や、火山活動の副産物である温泉で有名な観光地となっています。
● 1940年　◆ 宮城県・山形県　♣ 1841m

浅間山
数十万年前から活発な火山活動が続いており、江戸時代に発生した天明大噴火は全国で発生した大飢饉の原因となりました。
● 2019年　◆ 群馬県・長野県　♣ 2568m

三原山
伊豆大島の中央に位置する火山です。1986年の噴火では溶岩が人口の多い地区にせまったため、全島民が船で島外に避難しました。
● 1986年　◆ 東京都　♣ 758m

● 最新の噴火　◆ 都道府県　♣ 標高

富士山
日本で一番高い山です。数多くの芸術作品の題材や山岳信仰の対象とされてきたことから、2013年に世界文化遺産に登録されました。
● 1707年　◆ 静岡県・山梨県　♣ 3776m

御嶽山
2014年に発生した噴火では山頂付近にいた多数の登山客が巻き込まれ、戦後最悪の火山災害を引き起こしました。
● 2014年　◆ 長野県・岐阜県　♣ 3067m

阿蘇山
5つの山からなる複成火山です。カルデラを囲む外輪山は周囲約128kmもあり、世界最大級の火山となっています。
● 2021年　◆ 熊本県　♣ 1592m

桜島
かつては島でしたが、1914年の噴火の地殻変動で、大隅半島と陸続きになりました。現在も活発な活動が続いている火山です。
● 2022年　◆ 鹿児島県　♣ 1117m

硫黄鳥島
沖縄県で唯一の活火山です。1959年の噴火で住民が避難して以来、無人島となっています。
● 1968年　◆ 沖縄県　♣ 495m

くらべてみよう
世界の火山と噴火様式

世界各国に点在する火山にはさまざまなものがあり、その噴火のしかたはブルカノ式噴火、プリニー式噴火、ストロンボリ式噴火、ハワイ式噴火の大きく4つに分類することができます。ブルカノ式とプリニー式は噴煙をともなう爆発的な噴火、ストロンボリ式とハワイ式は溶岩があふれ出すタイプの噴火であり、この噴火の様式はマグマの化学組成によって決定されます。

ブルカノ式噴火

粘り気の強い安山岩質の溶岩を噴出する火山に見られる噴火です。爆発的に火山灰・火山弾が噴出され、溶岩流をともなうこともあります。

ブルカノ山
およそ2500年前から噴火の記録が残っている歴史的な火山です。英語で火山を意味するボルケーノvolcanoはこの火山が語源になっています。
- 🔵 1888年　◆イタリア　♣499m

クラカタウ山
ジャワ島とスマトラ島の間にある火山島の総称です。2018年の噴火では山体崩壊が発生し島の形が変形しました。
- 🔵 2018年　◆インドネシア　♣813m

サンタマリア山
過去大きな噴火の記録がない火山でしたが、1902年の大噴火から活動が活発になりました。写真は側火山のサンティアギート山の噴火の様子です。
- 🔵 2021年　◆グアテマラ
- ♣3772m

🔵最新の噴火　◆国　♣標高

プリニー式噴火

流紋岩質の溶岩を噴出する火山に見られる爆発的な噴火です。大量にふき出す噴石や火山灰、火山ガスで構成される噴煙柱の高さは1kmを超えます。

セント・ヘレンズ山
1980年に大噴火を起こし、山体が崩壊してしまい、標高が約500m低くなりました。現在は火山周辺が国立公園となっています。
- 2008年　◆アメリカ　♣2549m

ヴェスヴィオ山
西暦79年に起こした大噴火でポンペイの町を滅ぼしたことで有名です。現在は国立公園になっており、登山することもできます。
- 1944年　◆イタリア　♣1281m

ピナツボ山
1991年の噴火は20世紀最大の火山噴火とされ、その際の火山灰をふくむ噴煙の影響で北半球の平均気温が下がったといわれます。
- 2021年　◆フィリピン　♣1486m

ストロンボリ式噴火

比較的粘り気が弱い玄武岩質や安山岩質の溶岩をともなう噴火です。真っ赤に熱された溶岩が規則的にくり返し噴出します。

ストロンボリ山
ストロンボリ島にある活火山。今も頻繁に噴火しています。また、世界自然遺産にも登録され、火山を観察するツアーが人気です。
- 2019年　◆イタリア　♣926m

ハワイ式噴火

粘り気の弱い玄武岩質の溶岩を噴出する噴火です。おだやかな噴火で、楯状火山の割れ目から大量の溶岩が川のように流れ出ます。

マウナ・ロア
ハワイ島の中心部にある世界最大の活火山です。名前はハワイの言葉で長い山を意味します。
- 2022年　◆アメリカ(ハワイ)　♣4169m

火山と生活

火山は大きな災害を引き起こすことがありますが、恩恵をもたらすこともあります。

温泉

日本で火山の恵みといえば、まず温泉があげられます。温泉は地下にしみ込んだ地下水と、マグマの中に入っていた水などが火山の熱であたためられてできます。日本では温泉源から採取されるときの温度が25℃以上であるか、または、規定された物質をふくむ地中から出る温水、鉱水及び水蒸気その他のガスが温泉とされます。温泉にふくまれる化学成分は地域によってさまざまです。

別府温泉の海地獄
大分県の別府温泉にはさまざまな泉質の温泉が湧いています。海地獄は海のような青い色の酸性泉で、硫酸鉄を多くふくみます。

泉質の分類

単純温泉	25℃以上で、含有成分が温泉水1kgあたり1000mg未満のもの。
二酸化炭素泉	温泉水1kgあたりに1000mg以上の遊離炭酸をふくむもの。
炭酸水素塩泉	温泉水1kgあたりに1000mg以上の水以外の成分をふくみ、そのうちの主成分が炭酸水素イオンであるもの。
塩化物泉	温泉水1kgあたりに1000mg以上の水以外の成分をふくみ、そのうちの主成分が塩化物イオンであるもの。
硫酸塩泉	温泉水1kgあたりに1000mg以上の水以外の成分をふくみ、そのうちの主成分が硫酸イオンであるもの。
含鉄泉	温泉水1kgあたりに20mg以上の鉄(II)および鉄(III)イオンをふくむもの。
含アルミニウム泉	温泉水1kgあたりに100mg以上のアルミニウムイオンをふくむもの。
含銅一鉄泉	温泉水1kgあたりに1mg以上の銅イオンをふくむもの。
硫黄泉	温泉水1kgあたりに2mg以上の硫黄をふくむもの。
酸性泉	温泉水1kgあたりに1mg以上の水素イオンをふくむもの。
放射能泉	温泉水1kgあたりに111ベクレル8.25マッヘ単位/kg以上のラドンをふくむもの。

※「ベクレル」「マッヘ」は放射能の濃度や強さを表す単位。

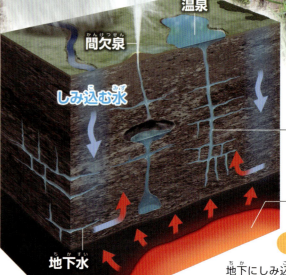

温泉のしくみ

地下にしみ込んだ雨水や海岸の海水、マグマの中の水が地下水となって地熱であたためられます。温泉水の中にはさまざまな化学物質がとけ込んでいます。

別府温泉の血の池地獄。酸性泉で、酸化鉄や酸化マグネシウムをふくんだ赤い泥が噴出するため赤い色をしています。

泉質はふくまれる化学成分によって決められます。

地下水や地熱の利用

すきまの多い溶岩で山体ができる火山は、溶岩のすきまに雨水がたまり、大きな水がめのような役割を果たします。この水が地下にもぐりこみ、周辺の土地から湧き出る湧水となり、豊かな水を提供します。地熱は、地下深くから上昇してきたマグマだまりからもたらされます。マグマだまりは地下数〜10kmという比較的浅い場所にあり、1000℃ほどの熱を出します。地熱であたためられた水蒸気を用いた発電が行われています。

熊本県の湧水
約27万年前から約9万年前にかけて4度の大噴火を起こした阿蘇山。その周辺は湧水が多く、熊本市の水道はすべて地下水でまかなわれているほどです。

富士山の湧水
富士山のふもとは豊かな湧水が有名です。中でも柿田川湧水群（静岡県）は1日に約110万tの水が湧き出ます。

八丁原発電所
大分県九重町の八丁原発電所。1977年に1号機が営業運転を開始しました。11万kwの出力をほこる日本最大の地熱発電所で、約3万6000世帯分の電力をつくる能力があります。

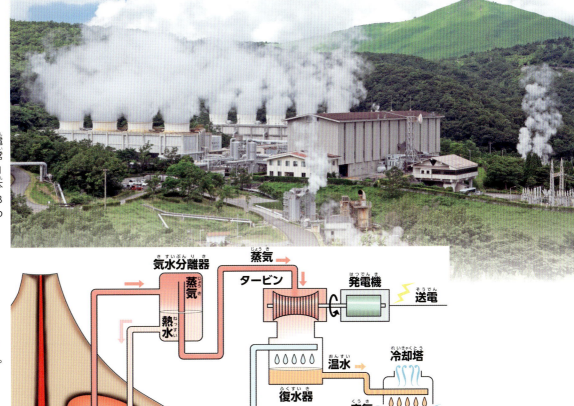

地熱発電のしくみ
マグマの熱で高温になった地下水から取り出した水蒸気で発電機をまわし、電気をつくります。二酸化炭素の排出がほとんどない発電方法です。

日本の地熱発電の歴史は、1919年、大分県別府市で噴気孔の掘削に成功したところに始まります。

大地の動き

火山と被害

御嶽山 2014年噴火

2014年9月の噴火後の山頂の様子です。頂上の剣ヶ峰に御嶽神社奥社と鳥居が見え、斜面に山小屋など宿泊設備が見えます。山腹には噴石がちらばっていて、大きいものは直径数mありました。激しい水蒸気爆発で空中に飛び出してから落下したものです。

世界では毎年のように火山の大噴火があり、ときに多くの人命がうばわれたり、生活の場がなくなったりしています。そのため火山噴火予知や防災対策などの研究の必要性がさけばれています。

日本で起きた主な火山災害

火山名（噴火年月日）	被害など
富士山 （1707年12月）	「宝永噴火」。16日間にわたって断続的に噴火が続き、火山灰は東京都（江戸）や千葉県にまでふり積もった。
浅間山 （1783年8月5日）	「天明大噴火」。90日間にわたって断続的に噴火が続き、火砕流や土石なだれにより1151人が死亡した。
磐梯山 （1888年7月15日）	山体の一部が崩壊し、岩屑なだれによって北側の村が飲み込まれ、少なくとも461人が死亡した。
桜島 （1914年1月12日）	「大正大噴火」。59人の死者・行方不明者が出た。このときの溶岩によって桜島は大隅半島と陸続きになった。
十勝岳 （1926年5月24日）	火山砕屑物が急速に雪をとかした泥流が主な原因で、144人の死者・行方不明者が出た。
雲仙岳 （1991年6月3日）	「平成3年雲仙岳噴火」。火砕流により43人が死亡した。約200年ぶりの大噴火だった。
御嶽山 （2014年9月27日）	水蒸気爆発による突然の噴火で、噴石などによって登山客63人の死者・行方不明者が出た。

ピナツボ山の火山灰。

火山灰

火山灰は噴火時にふき出したマグマが急に冷えてできた、直径2mm以下のガラス片や鉱物の結晶片です。浅間山の天明大噴火では、多量の降下火山灰が広い地域にふりそそぎ、太陽の日射量が低下して農作物の生育をさまたげ、天明の大飢饉を増大させたといわれています。1991年のフィリピンのピナツボ山の噴火では、火山灰が噴煙柱となって成層圏に達し、地球の気象に大きな影響を与えました。

水蒸気爆発とは地下水などの水がマグマなどの高温の物質にあたためられることで起きる爆発のことです。

溶岩流

噴火時に火口から流れ出た溶岩が溶岩流です。ハワイ島のキラウエア山などでは、玄武岩質溶岩が火口から噴水のようにふき出し、山体を流れ下り、海岸に達します。1983年の三宅島の噴火や、1986年の伊豆大島の三原山でも、同じように大量の溶岩が流れ出て海岸に達しました。

火砕流

噴火で出た岩や高温の火山灰といった火山砕屑物にガスや水蒸気が混ざり、猛スピードで斜面を流れ下るのが火砕流です。1991年の雲仙普賢岳の噴火では時速60km以上のスピードで火砕流がふもとにまで達しました。

火山泥流

火山砕屑物に水が加わると火山泥流となり、斜面を流れ下ります。北海道の十勝岳は1926年の噴火の際に、火山砕屑物が多量の氷雪をとかし込み、火山泥流となって上富良野町をおそい、多くの死者を出しました。

火山の噴火にのまれた街「ポンペイ」

ポンペイは、現在のイタリア南部にあったローマ帝国の都市です。ヴェスヴィオ山の南のふもとで、ワインを中心とした産業で栄えていました。西暦79年、ヴェスヴィオ山が噴火を始め、火砕サージ（火山ガスを多くふくむ火砕流）が一気に街まで流れ下り、人びとの命を一瞬にしてうばいました。さらにその上に大量の火山灰が高くふり積もり、ポンペイの街はまるでタイムカプセルのように火山灰の中に閉じ込められました。火山砕屑物の壁にはばまれ、本格的な発掘作業が開始されたのは1748年のことです。そこには、当時の街なみが残され、当時の様子を現代に伝える貴重な資料となったのです。そして、1997年に世界文化遺産に登録されました。

噴火当時のイメージ図。発掘現場からは、食事がのった食卓や、子どもをかばった状態の母親の遺体などが見つかりました。

ヴェスヴィオ山の噴火で、1万人いたポンペイ市民のうち、2000人ほどが犠牲になったと考えられています。

地震のメカニズム

地震はさまざまな原因によって引き起こされます。主にプレートの運動によって起きる海溝型と断層の動きが原因の断層型に分けることができます。

深い場所が震源の地震のほとんどは、海溝に沿った地域で起きています。海嶺が連なっている場所では、細長い線上に浅い地震が起きる地域が分布しています。

プレートの境界と地震

プレートの境界付近では地震が多く発生します。特に太平洋を取り巻く環太平洋地震帯や、ヨーロッパからインドまでのアルプス・ヒマラヤ地震帯など特定の場所が地震の多い地域です。日本では地震が多く発生しますが、世界的に見ると、地震や火山のある場所のほうが少ないのです。

海溝型地震

海洋プレートは大陸プレートより重たいので、両者が衝突する場所では、重い海洋プレートがしずみ込み、海溝をつくります。海洋プレートがしずみ込む場所では、接している大陸プレートの一部がひきずり込まれ、ひずみがたまっていきます。このひずみが反発してプレートがはね上がるとき、海溝型の地震が起きます。

大陸プレートの先端部は、しずみ込む海洋プレートと境界面でつながり、引きずり込まれ、ひずみがたまっていきます。

一定の限界に達すると、境界面が切れて大陸プレートがはね上がり、海溝型の地震が発生します。このとき、津波が発生する場合があります。

日本で起きた海溝型地震

日本で発生した海溝型地震には大正関東地震（関東大震災、1923年9月1日）や東北地方太平洋沖地震（東日本大震災、2011年3月11日）などがあります。海溝型地震はマグニチュードが大きくなりやすく、震源が沖合であるため、東北地方太平洋沖地震では巨大津波による大きな被害が発生しました。

大正関東地震では、ゆれによる倒壊や火災などで東京市内の6割の家屋が被災したといわれています。

東北地方太平洋沖地震では最大震度7のゆれが観測され、最大で40mの高さまで津波が到達しました。

日本では震度1以上の地震が1年間で2000回ほど起きています。

活断層型地震

断層とは地下の岩盤のずれた状態のことです。断層の中でも、千年から数万年の間隔でくり返し活動し、今後も活動する可能性が考えられる断層を活断層と呼びます。地震と断層は密接な関係があり、断層（活断層）のあるところでは、地震が起きやすいといわれています。日本列島には、周辺の海底をふくめて多くの活断層があります。そのため、日本列島ではどの場所でも、近くに活断層があるので、どこにいても直下型の地震にあう可能性があります。

逆断層
断層面の斜面の上側の岩盤がもち上げられた状態を、逆断層といいます。地盤が両側から圧縮されるように力がはたらきます。

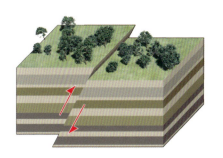

→ 動く向き

プレート境界付近のしずみ込み帯で巨大地震が発生すると、その影響で周辺地域の断層でも地震が発生することがあります。大陸プレート内の浅い場所で起きた地震は、都市直下であれば、被害が拡大します。

大陸プレート　海洋プレート

右横ずれ断層
断層面に沿って両側の岩盤が水平にずれる場合を横ずれ断層といいます。断層面の向こう側が右にずれる場合を右横ずれ断層といいます。

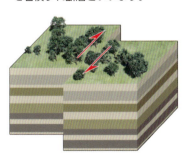

左横ずれ断層
断層面の向こう側が左にずれる場合を左横ずれ断層といいます。

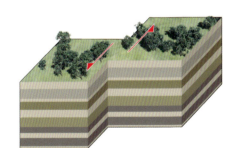

正断層
断層面の斜面の上側の岩盤がずり落ちた状態を正断層といいます。地盤が両方に引っ張られるように力がはたらくとできます。

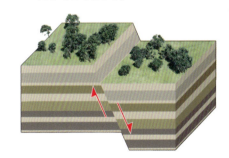

日本で起きた活断層型地震

日本で発生した活断層型地震には平成28年熊本地震（2016年4月14日）や令和6年能登半島地震（2024年1月1日）などがあります。震源が陸上で浅いため、過去起きた地震では都市部の被害が拡大しました。

熊本地震では町のシンボルである熊本城が石垣の崩落や櫓の倒壊などの甚大な被害を受けました。

2024年の元日に発生した能登半島地震では海岸が最大で約4mも隆起し、漁港が使用できなくなりました。

特に活断層の多い場所は、陸地では近畿地方から中部地方の西側で、海では関東地方の南から四国沖にかけての太平洋側です。

日本列島と地震の大きさ

日本列島は、ユーラシア大陸のふちにできた弧状の列島です。日本列島の周辺では、4つの大きなプレートが衝突し、プレートの境界付近では、活発な地殻変動や火山活動が起こっています。ユーラシアプレートと北アメリカプレートの間は、日本付近では運動が小さいので、その境界ははっきりとしません。しかし、他の境界では、一方のプレートがもう一方のプレートの下にしずみ込んでプレートのしずみ込み帯ができ、海溝またはトラフが発達しています。

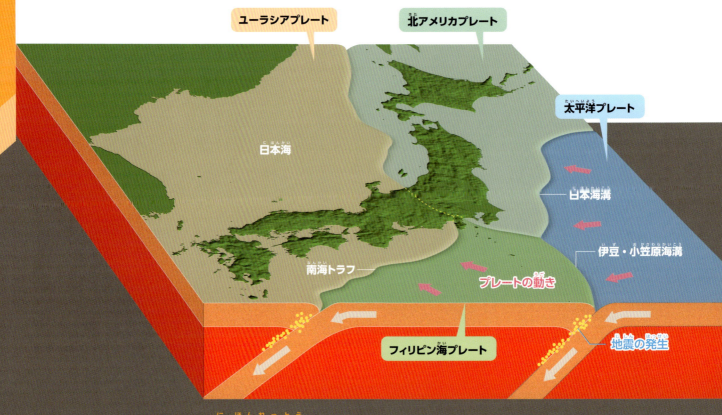

4つのプレートと日本列島

日本列島のほとんどは、東側が北アメリカプレート、西側はユーラシアプレートの上にのっています。伊豆半島付近だけがフィリピン海プレートの上にのっています。東側には日本海溝へと続く太平洋プレートのしずみ込み帯が、西側には南西諸島海溝へと続くフィリピン海プレートのしずみ込み帯があります。

日本列島の傷あと―フォッサマグナと中央構造線

ラテン語で大きなくぼみを意味するフォッサマグナは、東北日本と西南日本の境目とされる地帯で、その西のふちは新潟県の糸魚川と静岡を結ぶ糸静線です。また、関東から九州へ続く日本最大の断層系は中央構造線と呼ばれ、南側を西南日本外帯、北側を内帯としています。中央構造線は、糸静線と長野県諏訪湖付近で交わり、愛知県渥美半島を通って西にのびています。フォッサマグナは1875年（明治8年）に東京大学に地質学教授として招かれたドイツのハインリヒ・ナウマンによって発見されました。

フィリピン海プレートがユーラシアプレートの下にもぐり込むところにあるのが南海トラフです。

地震を表す単位

地震のゆれの大きさは震度で、地震そのものの大きさはマグニチュード（M）でそれぞれ表されています。

震度	状況
震度0	地震計には記録されるが、人はゆれを感じない。
震度1	わずかにゆれを感じる人がいる。
震度2	屋内で静かにしている人がゆれを感じる。
震度3	屋内にいるほとんどの人がゆれを感じる。
震度4	歩いている人のほとんどがゆれを感じる。
震度5弱	大半の人が恐怖を感じ、ものにつかまろうとする。
震度5強	大半の人がものにつかまらないと歩けなくなる。固定していない家具が倒れる。
震度6弱	立っていることが難しくなる。地割れや山崩れなどが発生することがある。
震度6強	立っていることができず、はわないと進めない。耐震性の低い建物が倒れる。
震度7	自分の意志で行動できない。耐震性の高い建物でも倒れることがある。

震度

地震が起こった時に、ある場所での地震のゆれの大きさをいくつかの段階に分けて表したものが震度です。日本では0から7の10階級に分けられており、全国に設置された計測震度計で観測を行っています。

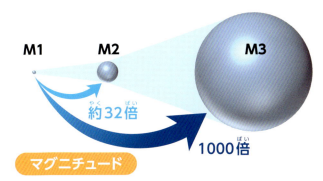

マグニチュード

マグニチュード（M）は地震そのものの大きさ、規模を表す単位です。マグニチュードが1増えると、地震のエネルギーは約32倍に、マグニチュードが2増えると1000倍にもなります。

地震の伝わり方

地震が発生すると、ゆれは波となって伝わっていきます。地震の波には2種類あり、速いスピードで伝わる弱いゆれのP波（初期微動）と、それよりもスピードはおそいものの強いゆれのS波（主要動）があります。P波は振動する方向と進む方向が同じで、地震が発生した直後に感じるゆれです。この波は固体や液体、気体の中を進んでいきます。一方、S波は振動する方向と進む方向が直角で横に大きくゆれる波で、固体にしか伝わりません。

P波とS波の伝わり方

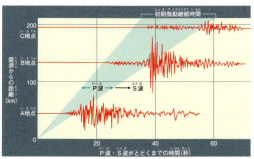

震源からの距離と、P波とS波がとどくまでの時間を表した図です。震源からの距離が離れている地点では、P波による初期微動の時間が長くなります。緊急地震速報はこの時間の差を利用し、大きなS波がとどく前に地震の大きさやゆれの強さを予測して情報を伝えています。

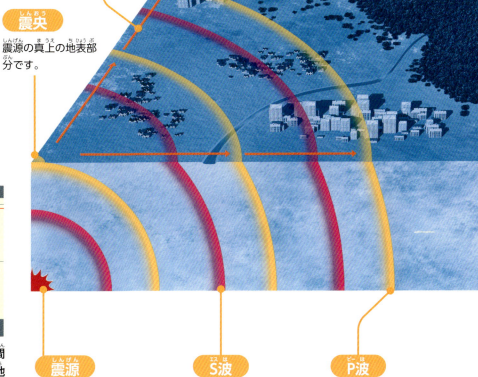

表面波
地球の表面をS波と同程度か、やや遅く伝わる波です。ゆれをさらに大きくさせます。

震央
震源の真上の地表部分です。

震源
地震の発生した場所です。

S波
遅く伝わる強い波です。秒速3〜4kmくらいで進みます。

P波
速く伝わる弱い波です。秒速5〜7kmくらいで進みます。

P波とS波の伝わり方のちがいを利用して、核やマントルなどの地球内部の構造が解明されています。

地震と被害

倒壊する高速道路
兵庫県南部地震（1995年1月17日）の際には、阪神地域の海岸線に沿った地域で震度7の地震が起こり、高速道路が倒壊しました。

地震は、地面のゆれにはじまり、その強さや続く時間によって家やビル、橋などさまざまな建築物などに被害が出ます。震源地近くでは断層が現れて地面が横にずれたり、上下に食いちがったりします。また、土地がもち上がる隆起や、土地がしずむ沈降が起こったりします。山の斜面などでは、地すべりが、川では、土砂が流される土石流が起こります。雪の多い山地ではなだれが起こることもあります。海岸には高い波がおそう津波が発生することもあります。

断層・地割れ
長野県北部の神城断層によって発生したマグニチュード6.7の地震（2014年11月22日）は、震度6弱を観測しました。高感度の地震観測網が1995年にできてから、活断層で発生した最初の地震です。

地すべり
山地の急斜面や丘陵のがけ、人工的な造成地などは、地震のゆれで大きくくずれ、地すべりが発生することがあります。また、梅雨や台風などの土中の水分が多い時期にも発生します。土が水をふくんで重くなり、水が摩擦を弱めるからです。

長野県北部の神城断層による地震では、大きな地割れが生じました。

岩手・宮城内陸地震で生じた巨大な地すべり。（2008年6月14日）

地震の前後には、地下水や温泉の水位が急に変化することがあります。

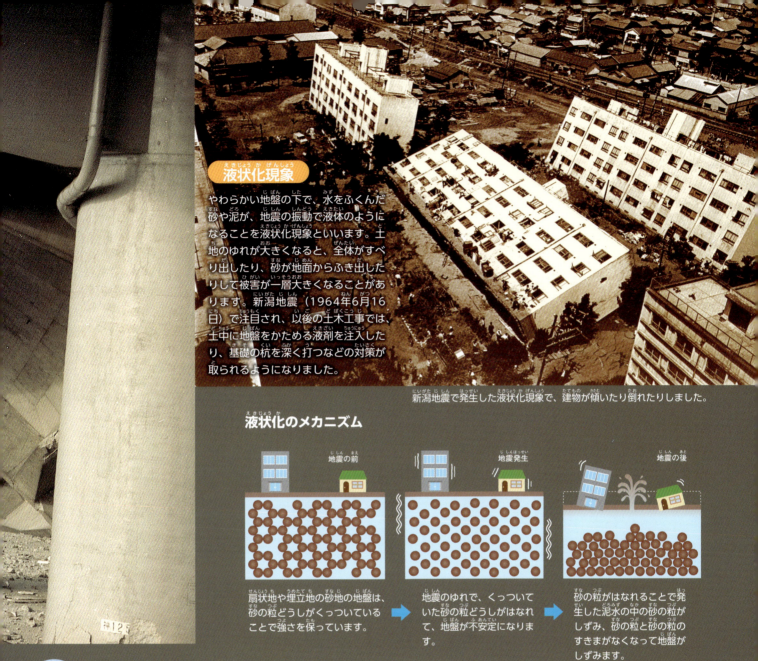

液状化現象

やわらかい地盤の下で、水をふくんだ砂や泥が、地震の振動で液体のようになることを液状化現象といいます。土地のゆれが大きくなると、全体がすべり出したり、砂が地面からふき出したりして被害が一層大きくなることがあります。新潟地震（1964年6月16日）で注目され、以後の土木工事では、土中に地盤をかためる液剤を注入したり、基礎の杭を深く打つなどの対策が取られるようになりました。

新潟地震で発生した液状化現象で、建物が傾いたり倒れたりしました。

液状化のメカニズム

地震の前	地震発生	地震の後
扇状地や埋立地の砂地の地盤は、砂の粒どうしがくっついていることで強さを保っています。	地震のゆれで、くっついていた砂の粒どうしがはなれて、地盤が不安定になります。	砂の粒がはなれることで発生した泥水の中の砂の粒がしずみ、砂の粒と砂の粒のすきまがなくなって地盤がしずみます。

もっと知りたい！ 津波の発生と伝わり方

地震により海底が隆起したり沈降したりすると、海面が変動し、大きな波となって四方八方に伝わります。これを津波と呼びます。津波の伝わる速さは、海が浅くなるほどおそくなります。このため、海岸線に近づく津波は、浅くなり速度が落ちた先頭部分に速度の速い後続部分が追いつきます。このため、津波は海岸線に近くなると水量が増し高くなります。他にも、海岸線が入り組んだところでは特に高くなります。また、東北地方太平洋沖地震で発生した津波は、太平洋全体に広がり、南アメリカ大陸の沿岸まで達しました。このように遠い場所で発生した津波でも被害が発生するので、国際的な津波監視体制がつくられ、津波情報は各国で共有されています。

堤防を越えようとする東北地方太平洋沖地震の津波。

津波の進む速度

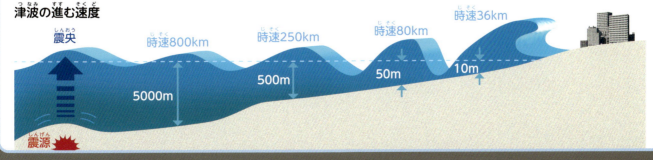

1960年5月22日のチリ地震による津波は、約1日かかって日本に到達しました。三陸沿岸の津波は6mを超え、大災害が発生しました。

災害に備える

現在の科学技術では、地震などの大災害がいつ起こるのか、正確に予測することはできません。日頃から知識を身につけ、できるだけ準備をしておくことが大切です。

防災訓練の様子
交通機関が止まった場合を想定して、自宅までの道を確認する訓練を行っています。

地震発生時の対応

日本では、大きなゆれが予測される地震波が観測されると、瞬時に緊急地震速報が発令されます。スマートフォンやテレビなどでこの速報を受け取ったり、ゆれを感じたりしたら、まずは机の下などに避難し、身を守りましょう。ゆれがおさまったら、火を消す、逃げるためのドアをあけるなど、次の避難行動にうつります。

津波に関する警報・注意報

海に近い地域では、大きなゆれの直後に津波がおそうことがあります。海岸近くにいるときにゆれを感じたら、すぐに海から離れましょう。津波に関する注意報や警報が発表されたら、まずは高台などの安全な場所まで逃げることを優先します。

緊急地震速報が出たら、できる限り身を守り、ゆれに備えます。

落下物がある場所では大きな机の下などに避難します。

ゆれが収まったら避難経路を確保したり、コンロの火を消したりします。

海岸のそばにいた場合は、津波に備えてすぐに高いところへ避難します。

種類	発表基準	発表される津波の高さ
大津波警報	予想される津波の最大波の高さが高いところで3mを超える場合に発表されます。	10m超 (10m<予想される津波の最大波の高さ)
		10m (5m<予想される津波の最大波の高さ≦10m)
		5m (3m<予想される津波の最大波の高さ≦5m)
津波警報	予想される津波の最大波の高さが高いところで1mを超え、3m以下の場合に発表されます。	3m (1m<予想される津波の最大波の高さ≦3m)
津波注意報	予想される津波の最大波の高さが高いところで0.2m以上、1m以下の場合であって、津波による災害のおそれがある場合に発表されます。	1m (0.2m≦予想される津波の最大波の高さ≦1m)

マンションなどで、自宅の安全が確保できる際は避難所に向かわず在宅避難をすることもあります。

噴火の備え

火山大国である日本は、噴火に備え、危険な火山を監視し、火山活動の状況に応じてとるべき避難行動などを5段階の指標で示しています。

噴火警戒レベルの概要。状況に応じて対象地域や方法等が判断されるので自治体の発表に注意します。気象庁のHPを参考に作成。

種別	名称	対象範囲	噴火警戒レベルとキーワード	火山の状況と避難行動
特別警報	噴火警報（居住地域）または噴火警報	居住地域およびそれより火口側	レベル5 避難	居住地域に重大な被害をおよぼす噴火が発生か切迫している状況。危険な居住地域からの避難が必要。
特別警報	噴火警報（居住地域）または噴火警報	居住地域およびそれより火口側	レベル4 高齢者等避難	居住地域に重大な被害をおよぼす噴火が発生すると予測される。警戒が必要な居住地域で高齢者等の要配慮者の避難、住民の避難の準備が必要。
警報	噴火警報（火口周辺）または火口周辺警報	火口から居住地域近くまで	レベル3 入山規制	居住地域の近くまで生命に危険がおよぶ噴火が発生、あるいは発生が予想される。状況に応じて高齢者等の要配慮者の避難の準備を進める。入山の規制などがかかる。
警報	噴火警報（火口周辺）または火口周辺警報	火口周辺	レベル2 火口周辺規制	火口周辺に影響をおよぼす（この範囲に入った場合には生命に危険がおよぶ）噴火が発生、あるいは発生すると予想される。火口周辺への立入は規制等が行われる。
予報	噴火予報	火口内等	レベル1 活火山であることに留意	火山活動は静穏。火山活動の状態によって、火口内で火山灰の噴出等が見られる。

日頃からの準備

大きな災害がやってきたときに備え、どこに、どんなルートで避難するのかを家族で話し合ったり、すぐにもち出せる非常用もち出し袋、ヘルメットなどを用意しておきましょう。食料や電池などは消費期限があります。定期的な確認も忘れないようにしましょう。

非常用もち出し袋
災害発生時に自宅から離れる時にもち出せるように、懐中電灯や医薬品、飲み水、非常食、防寒着などをリュックに用意しておきましょう。

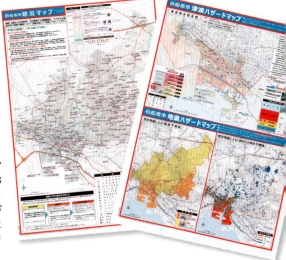

ハザードマップの例
自宅周辺のハザードマップはよく確認しておきましょう。マンションなどの場合は地震が起こっても自宅待機となっている地域もあります。

食料、飲み物の備蓄
ガス、水道、電気が止まっていても食べられるものを中心に、最低3日分は用意しておきます。

簡易トイレの準備
トイレの水が止まった時に使います。自宅のトイレに設置して使えるタイプが便利です。

家具の転倒防止
タンスや食器棚、本棚などが転倒しないよう、転倒防止グッズを使って固定します。

懐中電灯や携帯ラジオは、電池が必要ない、手動充電タイプのものを準備しておくとよいでしょう。

まるで絵の具を落としたような泉
イエローストーン国立公園（アメリカ）

北米最大の火山帯に位置するイエローストーンは、高温の熱水が湧き出す熱水泉や定期的にふき上がる間欠泉で知られています。中でもグランド・プリズマティック・スプリングはその色の鮮やかさから一段と目を引く絶景の泉です。中心部は熱水にとけたシリカの光の散乱により青く見え、外側は好熱性のバクテリアがもつ色素により黄色から赤色に変化して見えます。

火山がうむ絶景

噴火によって人の生活に大きな影響を与える火山ですが、ときには息をのむような美しい景色をつくり出すことがあります。火山にふくまれるさまざまな成分や火山活動によってつくられる景色は人の目を楽しませるとともに、大地のエネルギーを実感することができます。

人智を超えた巨大結晶
クリスタルの洞窟（メキシコ）

鉛や銀を産出するナイカ鉱山で見つかったクリスタルの洞窟は、最大で長さ10mを超える巨大な透明石こう（セレナイト）でうめつくされた景色で知られています。これはマグマで熱せられた鉱物質を多くふくんだ地下水が時間をかけて冷やされ、とけきれなくなった成分が結晶となって成長していったと考えられています。

虹色に染まる山
レインボーマウンテン(ペルー)

標高5,000mを超える高山地帯に見られる絶景です。火山活動と地殻変動によってさまざまな鉱物が層状に分布することで、できたものだと考えられています。赤は酸化鉄、白は石英や炭酸カルシウム、黄は硫黄、緑は粘土鉱物などに由来しています。

水と石灰岩がおりなす光景
パムッカレ(トルコ)

マグマによってあたためられた温泉中の炭酸カルシウムが険しいがけにそって少しずつ析出してつくられた景色です。この棚田のようにならんだ石灰岩は高さ200mにまでおよび、現在も成長し続けています。

塩と酸の泉
ダロル山(エチオピア)

ダロル山は1926年に噴火した比較的新しい火山です。付近にはいくつもの火山性の泉が湧き出しており、酸化鉄や硫黄、塩、強酸による色鮮やかな泉が広がる、荒涼さと神秘さを兼ね備えた絶景で知られています。

青い神秘の炎
イジェン山(インドネシア)

ジャワ島東部にあるイジェン山は今も噴火を続ける活火山です。あたりが暗くなると、青白く発光した炎が山肌を流れ落ちる美しい光景を目撃することができます。この炎は火山からふき出した硫黄のガスが燃えるときに発する光によるものです。

日本一の美しい水をたくわえた湖
摩周湖(日本)

北海道にある摩周湖は日本一をほこる透明度の高さで知られています。約7,000年前の巨大噴火によってつくられたくぼ地に水がたまってできたカルデラ湖です。よく晴れた日の鮮やかな湖面の色は摩周ブルーと呼ばれ親しまれています。

|大地と水のはたらき

大地と水のは

地球の表面は30％の大地と70％を占める海によって形づくられています。大地は水や風、氷河のはたらきでときにけずられ、土砂が堆積し、さまざまな地形がうまれます。過去の地球のすがたを見せてくれる化石も主に水のはたらきによってつくられたものです。また、海には海流があり、地域や季節によってさまざまなすがたを見せます。近年では深海の調査が進み、新たな資源や新種の生物が発見されています。

四国カルスト（愛媛県、高知県）
石灰岩が分布する地域に見られるカルスト地形は日本全国に点在し、観光地として親しまれています。四国カルストは石灰岩の白い岩肌と緑の草原のコントラストが美しく、ハイキングコースとしても有名です。

たらき

セブンティ・アイランド(ロックアイランド)(パラオ)
かつてのサンゴ礁である石灰岩の地層が隆起し、海のはたらきでけずられてできた大小300以上の無人島が点在する地域です。ダイビングスポットとしても人気で、その景観と豊かな生態系から、世界自然遺産に登録されています。

阿寺渓谷(長野県)
流れの速い山地の川では侵食作用が強くはたらき、岸が深くけずられたり、大きな岩が運ばれたりします。長野県の阿寺渓谷では川にけずられてできた深い谷や、水の力によって運ばれた巨大な岩を観察することができます。

けずられる大地（風化）

岩石が地表に出ると、さまざまな変化が起こります。この変化を起こす自然のはたらきを風化作用（風化）といいます。風化作用は温度の変化などによる物理的風化作用と化学変化などによる化学的風化作用の2つに分けられます。

竜串海域公園
高知県土佐清水市の竜串海域公園では、三崎層群竜串層と呼ばれる第三紀中新世の砂岩や泥岩などの地層に、さまざまな堆積構造や風化作用が観察できます。地層の断面にたくさん見られるくぼみを蜂の巣構造といいます。

物理的風化作用

岩石（鉱物）が地表であたためられたり冷やされたりして割れることを、物理的（機械的）風化作用といいます。それぞれの鉱物は、温度変化によって膨張したり収縮したりします。そのため地表で温度の変化を受けると、鉱物同士の結びつきがゆるんで、かたい岩石でもぼろぼろになります。このような風化作用は熱帯や亜熱帯の乾燥地域でよく見られ、特有の地形ができることがあります。

たまねぎ状風化
泥岩の地層面や花こう岩などの節理（岩石の規則正しい割れ目）にそった面と角が、たまねぎの皮をむいたように風化が進み、内部には球状の母岩が残ります。

凍結による泥岩層の風化
岩石の割れ目に入り込んだ水が凍結する際に膨張し、割れ目がおし広げられ岩石が破壊されることで起こる風化作用です。頁岩や泥岩では小さな岩片に、深成岩や砂岩ではもとより一回り小さい岩に分かれるなど、岩石の種類によって風化のしかたがことなります。

> たまねぎ状風化作用によって残った母岩はコアストーンと呼ばれます。

化学的風化作用

化学変化で岩石が変化するのが化学的風化作用です。地表付近で起こる例としてよく取り上げられるのが、石灰岩の溶食地形です。石灰岩は主に炭酸カルシウムからできていて、二酸化炭素をふくんだ酸性の水にとける性質があります。雨水や地下水は弱酸性のため、石灰岩の台地には雨の作用によってくぼ地（ドリーネ）やそれらが合わさった大きなくぼ地（ウバーレ）ができます。さらに地下には洞窟ができるなど変化にとんだ溶食地形ができます。

石灰柱のできかた

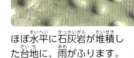

ほぼ水平に石灰岩が堆積した台地に、雨がふります。

弱酸性の雨の化学的風化作用で、よくとけるところとそうでないところができます。

時間がたち、あまりとけなかったところは柱状に残り、石灰柱となります。

桂林の石灰柱

中国南部の貴州省などにはカルスト地形が広がり、桂林には川沿いに石灰柱がつらなっています。

生物がかかわる物理的風化

岩石にできた割れ目や地層面などに植物の根が入り込むと、植物の成長にともなって割れ目が広がっていくことがあり、石割りなどと呼びます。これも物理的風化のひとつです。植物によっては根を地面の上に成長させるものもあり、風化作用を進めたり、逆にとめることもあります。

アンコールワットとガジュマル

アンコールワットはカンボジアの古い寺院で、レンガ型の砂岩を積み上げてつくられています。これにガジュマルなどが茂り、建造物を破壊することもあります。

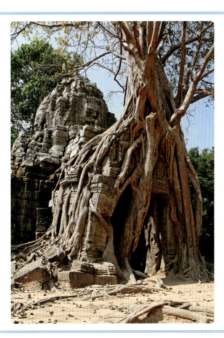

植物が岩をこわす

根を張る力がひじょうに強い植物が岩にはえます。

成長すると根を広げ、深く侵入することで風化作用をうみます。

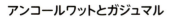
日本での生物がかかわる物理的風化作用では、花こう岩の割れ目から育った、岩手県盛岡市の石割桜が有名です。

氷河やカルスト地形

標高の高い山岳地帯や高緯度地方でふった雪が一年中とけずに万年雪となり、さらに長い時間おし固められたものが氷河です。谷をうめた氷河は谷氷河や山岳氷河、広い地域をおおった氷河は大陸氷河、氷床、氷帽などと呼ばれます。更新世（約258万年前〜約1万1700年前）の氷河時代には、北アメリカ大陸の北半分くらいが大陸氷河におおわれました。

岩石をけずる氷河

ふり積もった雪の重さで、万年雪は下のほうから凍結して氷河になります。氷河が厚くなると強い圧力が加わり、やがてゆっくりと動き出します。氷河が動くと、氷河の中に閉じ込められている大小の岩石片が地面の岩片をけずり、独特のU字形の谷をつくります。

アレッチ氷河（スイス）
アルプス山脈最大の氷河

氷河と氷河のあとの地形

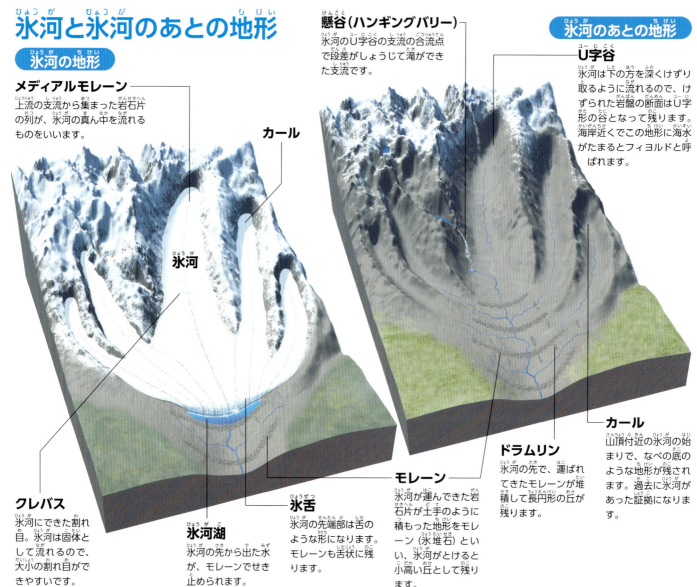

氷河の地形

メディアルモレーン
上流の支流から集まった岩石片の列が、氷河の真ん中を流れるものをいいます。

カール

氷河

クレバス
氷河にできた割れ目。氷河は固体として流れるので、大小の割れ目ができやすいです。

氷河湖
氷河の先から出た水が、モレーンでせき止められます。

氷舌
氷河の先端部は舌のような形になります。モレーンも舌状に残ります。

懸谷（ハンギングバリー）
氷河のU字谷の支流の合流点で段差がしょうじて滝ができた支流です。

モレーン
氷河が運んできた岩石片が土手のように積もった地形をモレーン（氷堆石）といい、氷河がとけると小高い丘として残ります。

ドラムリン
氷河の先で、運ばれてきたモレーンが堆積して長円形の丘が残ります。

氷河のあとの地形

U字谷
氷河は下の方を深くけずり取るように流れるので、けずられた岩盤の断面はU字形の谷となって残ります。海岸近くでこの地形に海水がたまるとフィヨルドと呼ばれます。

カール
山頂付近の氷河の始まりで、なべの底のような地形が残されます。過去に氷河があった証拠になります。

2012年、日本にも氷河があることが確認され、現在では国内7箇所に氷河があることが明らかになっています。

石灰岩のつくる地形

石灰岩の主な成分である炭酸カルシウムは、二酸化炭素をふくんだ雨水や地下水にとける性質があります。水の温度などが変化すると、とけた炭酸カルシウムはふたたび沈殿（固まってしずむこと）します。石灰岩が多い地域では、この化学反応によって石灰岩の一部がとがった塔や大きな歯のような形になって残り、カレンフェルトと呼ばれる平坦地や、斜面が広く続くカルスト地形という独特な地形ができます。

秋吉台（山口県）
約2億6千万年前のサンゴ礁からできた石灰岩台地で、日本最大のカルスト地形です。地表にはドリーネやウバーレが、地下には大規模な鍾乳洞があります。

カルスト地形のつくり

石灰岩の割れ目などから入った雨水が岩をとかし、地表にドリーネやウバーレと呼ばれるすり鉢状のくぼ地を、内部には鍾乳洞をつくります。

ドリーネ
石灰岩台地の地表にできるすり鉢状のくぼ地で、直径は10～1000mくらいです。

ウバーレ
ドリーネがいくつか集まった大きなくぼ地で、底が地下水面になっていることもあります。

鍾乳洞（石灰洞）
洞窟の大きさはさまざまです。内部には、天井から下がる鍾乳石、地底からの石筍などがあります。

カレンフェルト

ドリーネ

ポリエ
ウバーレをさらに大きくしたくぼ地です。平野（沖積平野）や湖ができている場合もあります。

川

地底湖

地下の川
地下の川もよく見られますが、激しい流れの川はそれほどありません。

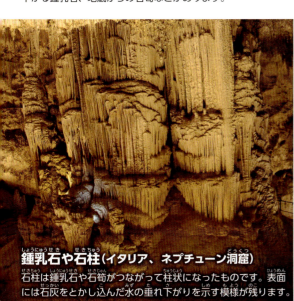

鍾乳石や石柱（イタリア、ネプチューン洞窟）
石柱は鍾乳石や石筍がつながって柱状になったものです。表面には石灰をとかし込んだ水の垂れ下がりを示す模様が残ります。

石柱のでき方

天井には鍾乳石、床には石筍ができます。

長時間かけて上下がつながって柱状になります。

さらに石灰が表面をおおう石柱になります。

百枚皿（山口県）
秋芳洞という鍾乳洞の中にあります。地下の川の段丘から流れ出た地下水が固まり、縁の部分がもり上がってたくさんの皿をならべたようになりました。

カルスト地形の名は、この地形がよく発達している東欧のスロベニアのクラス地方（ドイツ語でカルスト）の名からつきました。

いろいろな湖

陸地にできたくぼ地に水をたたえたものにはさまざまな呼び方があります。湖は水深が5m以上で、アシなどの水生植物が岸辺にだけ茂っています。また、湖は成り立ちによって分けられています。沼は深さが5mより浅く、水生植物が中央部まで茂っています。池は、湖や沼よりもずっと小さく、多くは人工的なものをさします。

八ッ場ダムのゲート（群馬県）
ダムは川の水位の調整による水害防止や発電などの役割を担っています。

1 氷河湖

氷河が運んだモレーンが堆積してできたえん堤や湖盆に、氷河がとけた水がたまります。

チリとアルゼンチンにまたがるパタゴニア地方では、大小50を超える氷河がつくり出した無数の氷河湖が見られます。

パタゴニアの氷河湖（チリ/アルゼンチン）

2 人工湖

ダムなどをつくるとき、川をせき止めてつくった湖です。水は水力発電など、さまざまな資源として使われます。

立山町の黒部川をせき止めてつくった人工湖です。ダムの高さ186mは日本一です。

黒部湖と黒部第四ダム（富山県）

3 火口湖

火山で爆発的な噴火が起こると頂上付近がへこみます。そこに雨水や火山内の温泉水などがたまります。

鳥海山の中腹、標高約1600mにある火口湖です。約16万年前の火山活動によって形成されました。

鳥海湖（山形県）

4 断層湖（構造湖）

地震による断層でがけなどができ、そこに水がたまります。湖水が深くたまることがあります。

南北680km、東西40～50km、水深1634～1741mのアジア最大で透明度が世界一の湖です。はなれつつあるプレートの境界にあります。

バイカル湖（ロシア、シベリア）

5 せき止め湖

火山で発生した溶岩流や火山砕屑流、洪水などによる土石流によって川がせき止められてできた湖です。

中禅寺湖（栃木県）

約2万年前の男体山の噴火で、大谷川がせき止められてできた、日光市の湖です。

日本最大の湖の琵琶湖は、世界で最も古い湖のひとつで、誕生したのが約400万年前といわれています。

桧原湖（福島県）のワカサギ釣り
氷結した湖上でのワカサギ釣りなど、湖はさまざまなアウトドアレジャーに利用されています。

湖の種類

1 氷河湖

3 火口湖

7 三日月湖

8 潟湖（ラグーン）

6 カルデラ湖

カルデラのくぼ地に雨水などがたまってできます。深く美しい湖水となることが多いです。

カムイヌプリ山が約7000年前に噴火したときに陥没してできたカルデラ湖です。水深211m、周囲約20kmで、2024年の透明度は約21mです。

摩周湖（北海道）

7 三日月湖

曲がりくねった川の、曲がりが急な部分がと切れて、三日月型に残ったものです。

屈斜路湖から市街地や釧路湿原を流れる釧路川の周辺には、多数の三日月湖が見られます。

釧路湿原（北海道）

三日月湖のでき方
くねくねと曲がっている川が切れて取り残され、三日月型に水がたまり、湖になります。大きな川の下流の平野部によく見られます。

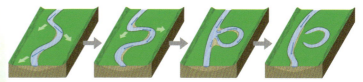

8 潟湖（ラグーン）

海岸にできた砂州などが沿岸流によって成長し、海岸近くに淡水や海水を取りこんだ湖です。

オホーツク海岸にある塩分の低い湖です。海と湖をしきる砂州の長さは25kmあります。

サロマ湖（北海道）

潟湖のでき方
潟が、左右や一方からのびた砂州によって湖になります。外の海と完全に分かれていることはあまりありません。

9 マール

火山の水蒸気爆発でできた火口壁が残り、水をためています。多くは、河川の水が入らず、水は澄んでいます。

マグマの水蒸気爆発でできた円形の火口に水がたまった湖です。男鹿半島には3つのマールがあります。

二ノ目潟（秋田県）

もっと知りたい！ 世界標準になった水月湖の堆積物

広さが4.18km²、水深が34mの水月湖は、福井県三方五湖のなかで最大の汽水湖で、ラムサール条約で保護されています。湖底の堆積物の保存状態がよいため、精密なボーリング調査が行われています。7万年前から現在までの湖底堆積物の中の花粉、ケイ藻、粘土などの分析から、当時の気候や植生などを読み取ることができています。最深部で15万年前までさかのぼれる湖底堆積物から、さまざまな自然環境の変化が調べられ、世界の標準試料になっています。

湖はしだいに堆積物で埋め立てられ、浅く面積も小さくなり、やがて湿原となってその一生を終えます。

川沿いの地形

地表は、水、大気、太陽光などによってたえず風化作用を受け、さらに河川、海、氷河、風などによる侵食作用によって変化を続けています。これらの作用でできた岩石のかけらなどの砕屑物は主に水の力によって運ばれ、堆積して新しい地形をつくり出します。

黒部川扇状地（富山県）
日本有数の急流河川の黒部川がつくった扇状地は、きれいな扇型をしています。砂や礫などがほぼ同じように広がり、堆積したためです。

山から平野にかけて

山地の河川は流れがはやいことが多く、洪水時などには大小の礫などをたくさん運ぶので、侵食作用が強くはたらきます。このため両岸はけずられてＶ字形の深い谷ができます。また、かたい岩石にはさまれているような谷川には、落差の大きな滝ができることもあります。河川の上流域が急に平野に流れ出ると、流速も急におとろえて、運ばれてきた砂や岩の破片などが堆積します。すると、谷の出口を頂点とした扇型の堆積地形である扇状地ができます。

1 V字谷
2 河岸段丘
3 自然堤防
4 扇状地
5 三角州
6 水無川
7 氾濫原
8 台地
海岸
海

急流の川底をつくる岩石に割れ目などがあると、流れに渦ができ、大小の円形のおう穴（ポットホール）ができることがあります。

1 V字谷

河川の上流の谷川では、水の強い侵食作用によって、両岸が切り立ったV字谷ができます。

全長10kmにもなる吉野川支流の渓谷です。谷の深さが200m近い地点もあり、日本三大秘境に選ばれている名所です。

祖谷渓（徳島県）

2 河岸段丘

河川が山地から出ると砂や礫がたまります。そのあとで土地の上下変動などが起こり、堆積と侵食の変化がくり返されると、川沿いに階段状の地形が広がります。

信濃川がつくり出した津南町の河岸段丘は、段丘面の広さや9段という段数の多さから、日本最大規模の河岸段丘といわれています。

津南町の河岸段丘（新潟県）

3 自然堤防

川の中流から下流では主に堆積作用がはたらくため、洪水などで川の水があふれて砂や礫が川沿いに堆積して自然の堤防ができます。

自然堤防の上は洪水の被害が少なく水はけがよいのが特徴です。岩木川の周辺の自然堤防はリンゴの栽培地として活用されています。

岩木川の自然堤防（青森県）

4 扇状地

谷の出口を頂点とした扇形の堆積地です。

水はけのよい扇状地は水田よりも畑作に向いており、古くから果樹園や桑畑に使用されてきました。

勝沼の扇状地（山梨県）

5 三角州

川から運ばれた砂や泥が河口付近に堆積した三角形の地形です。

雲出川の河口に位置する香良洲町は三角州をそのまま利用した地域です。

香良洲町（三重県）

扇状地のでき方

❶河川が山地から平らな場所に流れ出ると、上流から運ばれてきた砂や礫が扇型に堆積します。❷この砂や礫の堆積層は下流に向かって成長を続けます。❸上を流れる川の水は地下に吸い込まれて水無川となり、扇状の地形が残ります。

三角州のでき方

❶川が運搬する砂や泥が河口付近に堆積して三角形の平地をつくります。❷三角形の地形が上流からの堆積物で大きく成長します。❸河口はさらに海側に進出し三角形の州ができます。

6 水無川

扇状地の砂や礫の層の上を流れていた川の水が地下に入ると、流れのあとだけが残って、水のない川になります。

普段は水が地中を流れ河原が乾燥した状態ですが、大雨の際には巨大な河川が出現します。

蛇尾川（栃木県）

7 氾濫原

川の下流付近で洪水のときなどにあふれ出した水が平野の表面をおおい、新しく堆積物を残します。

曲がりくねった石狩川はたびたび氾濫し、くずれやすく耕作に向かない泥炭層を堆積させてきました。

石狩川（北海道）

8 台地

川が運んできた砂礫が広い場所に堆積して、まわりよりやや高い土地をつくり、侵食から取り残されます。

有田川がつくり出した台地であるあらぎ島は美しい棚田の景観から名所として親しまれています。

あらぎ島（和歌山県）

日本は山国なので、河川も渓流が多く、平地を流れる部分はそれほど多くありません。

大地と水のはたらき

沿岸の地形

海岸地域は、海水の波や流れによる侵食、運搬、堆積の3つの作用の影響を受けるところが多く、さまざまな地形がつくられます。また海岸の地形の多くから、海水面の変化を読み取ることもできます。さらに、地震をはじめ、長い間に起こった地殻変動を調べるときも、海岸の地形は大変貴重な資料になります。

リアス海岸

急斜面の谷や山が続き、海水面が上昇してできた沈水海岸です。スペイン北西部の、大西洋の海岸の深い入り江が続く場所から、リアスと名づけられました。

リアス海岸のでき方

海岸の山地の侵食が進み、深い谷が海岸にほぼ直角方向にならびます。

→ 海水面がさらに上昇し、深く入り組んだ海岸線になります。

リアス海岸は、津波のとき、急に波が高くなる特徴があります。東北地方太平洋沖地震のときには、三陸海岸で大きな被害が出ました。

イギリス(ウェールズ)のペンブルックシャー海岸国立公園の一角にある、大西洋の荒波にけずられてできた海食洞です。

海食洞

海岸のかたい岩石が、打ちよせる波の侵食で破壊されるとくぼみができます。さらに侵食され、トンネルのような穴になった地形が海食洞です。日本では、岩手県の陸中海岸や、和歌山県の白浜などにあります。

海食洞のでき方

 かたい岩石も波の侵食でしだいにこわされ、くぼみができます。

 くぼみがさらに大きくなって、トンネルのような穴があきます。

 さらに侵食が進むと穴の天井がこわれ落ち、はなれ岩になります。

海岸段丘

海水面の変動や土地の上昇、沈降などを示す海岸地形のひとつです。日本の太平洋側に突き出た大きな半島には3〜4段の海岸段丘が見られます。

千葉県房総半島の千倉平磯から白間津周辺の海岸段丘です。ここには5段の段丘が見られ、上から7200年前、5000年前、3000年前、1703年(元禄地震)、1923年の大地震(大正関東地震)のときの隆起です。

海岸段丘のでき方

1 波の侵食で海岸に海食崖ができます。
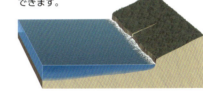

2 大地震などで隆起が起こると、波食台が海面上に現れます。
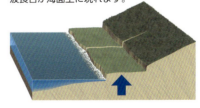

3 さらに隆起がくり返されると、階段状の段丘地形ができます。
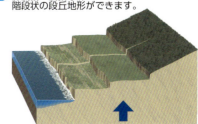

リアス海岸のように急ではなく、ゆるやかな斜面の山や谷からできた陸地が沈水した地形はおぼれ谷といいます。

大地と水のはたらき

砂がつくる沿岸の地形

海の沿岸地域にできる地形には、沿岸流と波浪がつくる堆積地形の「砂州」と「砂し」などがあり、地形に変化をもたらします。また海岸地域は風の強いところが多く、風のはたらきによって砂浜海岸や海岸砂丘ができるところがあります。

砂丘の風紋

鳥取砂丘にはきれいな風紋ができます。風紋ができるには、風速が秒速5〜6mである、砂が乾燥している、砂が固まっていない、砂粒の大きさがそろっている、など、いくつかの条件があります。

砂丘

風などのはたらきによって、砂が集められて海岸や河畔、内陸に丘をつくっている地形を砂丘といいます。日本に多いのは、海岸沿いにある海岸砂丘です。砂漠は、年間の降雨量が250mm以下、または降雨量よりも蒸発量の方が多い、砂や岩石の多い地域のことです。砂丘は、雨が少ないところも多いところもあります。

鳥取砂丘（鳥取県）
日本最大の海岸砂丘で、鳥取市の東の海岸に沿って、東西の長さ16km、南北の最大の幅は2kmにもなります。

鳥取砂丘の成り立ち

砂丘の砂は、近くを流れる千代川が上流の中国山地から運んできた花こう岩がくだけたものです。強い波や流れで砂が沿岸に打ち上げられ、北西の季節風によって東方の海岸にふき飛ばされて砂丘ができました。鳥取砂丘は、現在の新しい砂丘と、それより古い砂丘があります。新しいものは面積が広く、約6000年前の縄文時代から現在にかけてできました。古い砂丘は内陸側にあって、大山が大噴火をする前の更新世（約258万年から約1万7千年前）の終わりにできました。

日本一大きな砂丘は青森県にある猿ヶ森砂丘です。

砂州

沿岸流は、砂や小さな礫などを流して海底に堆積させ、海岸に細長い浅瀬をつくります。これを砂州といい、場所によって長さが数〜100kmになります。

天橋立（京都府）
京都府宮津湾にある日本三景のひとつです。砂州は宮津湾と内海の阿蘇海を南北に分け、全長は3.6kmです。

長目の浜（鹿児島県）
海と3つの潟湖をへだてる全長約4kmの砂州です。国の天然記念物に指定されています。

砂し

砂しは、砂州の先端が鳥のくちばしのように曲がったりしたものです。くちばしが枝分かれしたものもあり、「分岐砂し」といいます。

砂を運ぶ海流の方向

北海道野付半島の標津町から、別海町にまたがる海岸にできた砂しです。総延長28kmで日本最大です。この付近の沿岸流は、オホーツク海から知床半島をまわって根室水道を通り、南下するので砂州ができやすい流れとなっています。

砂しのでき方

1 海岸のつき出た部分で、沿岸流が海浜の砂を横の方に運びます。

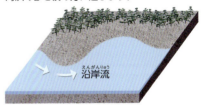

2 湾内に渦の流れができて、砂しができはじめます。

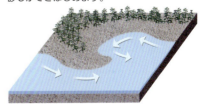

3 内側に砂の枝分かれができると、分岐砂しになります。

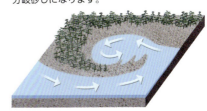

砂州には、天橋立のような湾をふさぐ湾口砂州、河口にできる河口砂州、島と陸地をつなぐ陸繋砂州などがあります。

地層

地層は、過去の地質時代に地表に露出した岩石などが、風化し侵食され、その土砂が海底や湖底に堆積したものです。このため地層には過去の情報がたくさんつまっています。地層をつくる堆積物の種類、重なる順序、堆積構造や変形構造、ふくまれている化石などを調べると、いろいろなことがわかります。

地球の歴史がつまった地層

地層がよく見える場所を地層の露頭といいます。この露頭では厚い地層と薄い地層が交互に重なって、右に傾いています。厚い地層は砂が固まった砂岩で、出っぱっています。うすくへこんで見える地層は泥が固まった泥岩です。この地層からは、およそ1200万年前の海にすんでいたカニや貝の化石が見つかっています。

火山活動でできる地層

火山の噴火によってできる地層には、火山灰層、火山砕屑岩層、集塊岩層、凝灰岩層などたくさんの種類があります。特にテフラと呼ばれる降下火山灰層は、広く分布します。その中にふくまれる鉱物の種類や性質などから、過去の火山活動の大きさや、細かい年代がわかります。日本では関東ローム層と呼ばれる赤土の研究や、南九州の更新世の火山灰起源のテフラの研究が進んでいます。

東京都伊豆大島にある三原山の降下火山灰の地層です。しゅう曲とまちがえられますが、地表のでこぼこによるものです。

地層のできる様子

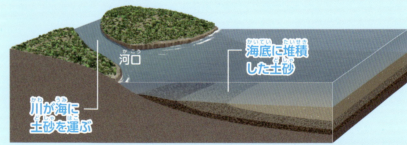

山地の中の盆地に海が侵入し、外海とつながりました。河川が上流からの土砂を海に流し入れ、海岸近くに砂礫層、沖合に砂、さらに沖には泥が堆積しました。

1 水中で土砂が積もる
沖合の海底に斜面ができて、その上を砂と泥が混じりあってすべり落ちました。これを乱泥流といいます。

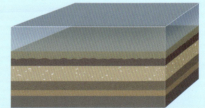

2 地層が重なる
さらに沖合では、砂泥が粒の大きさでふるい分けられて堆積しました。

伊豆大島の火山灰の地層は過去1万5千年以上の間に100〜200年の間隔で発生した噴火の火山灰などがふり積もったものです。

海底でできた地層 ヨーバケ

埼玉県秩父市を流れる赤平川沿いの、大きな崖に露出した第三紀の砂岩と泥岩が交互に並んでいます。

もっと知りたい！ チバニアン

チバニアンは約77万4千年前から12万9千年前に相当する地質年代です。チバニアンの始まりにはN極とS極が入れ替わる地磁気逆転現象が発生しました。この記録を鮮明に残した地層が千葉県にあったことから、2020年に国際地質科学連合によって千葉の時代を意味するチバニアンと命名されました。地質年代に日本の地名にちなんだ名前がつけられたのはこれが初めてです。

チバニアンの地層(国指定天然記念物「養老川流域田淵の地磁気逆転地層」)には、地質年代の境界を示すゴールデンスパイクという杭が設置されています。

しゅう曲

神奈川県三浦市の不整合
下の地層は左に急角度で傾いています。上の地層は水平から左にゆるく傾斜しています。上下の地層の境目が不整合面です。

北海道八雲町のしゅう曲
深い海底で堆積した黒色のケイ質頁岩が固まり、その後地中で横からの強い圧力を受けてしゅう曲しました。

不整合

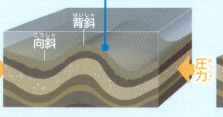

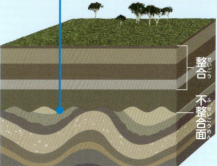

3 しゅう曲が起こる
堆積した地層は地下に埋もれてかたまり、両側から圧力が加わってしゅう曲しました。上向きに曲がった部分を背斜、下向きの部分を向斜といいます。

4 陸になって表面がけずられる
地層がしゅう曲し陸上に現れると、たちまち侵食されてけずられます。この面にはでこぼこができます。

5 整合と不整合
でこぼこの面の上に新しく地層が水平に堆積していきます。下に重なる地層の堆積の終わりと、上の地層の堆積の始まりには時間のへだたりがあります。このような上下の地層の重なりの関係は不整合といい、地層の境の面は不整合面といいます。上に重なっていく地層は連続的に重なっていて、整合関係といいます。

埼玉県秩父市のヨーバケのバケ(ハケ)は、崖のことで、陽が当たる様子からヨー(陽)バケ(崖)と呼ばれるようになったといわれています。

大地と水のはたらき

化石

地層がむき出しになった露頭では、大昔の生き物などの死体が鉱物に置きかわった化石が見つかることがあります。化石を調べることで、それぞれの地質時代の自然環境や生物相、その変化などを調べることができます。

恐竜のボーンベッド
北アメリカのユタ州の北部一帯には、ジュラ紀のモリソン層が広く露出していて恐竜国定公園になっています。急傾斜の砂岩層では、うまったままの状態の恐竜の化石を見ることができます。

化石になった森
アリゾナ州北東部に広がる化石の森国立公園です。あちこちに転がっているものはめのうに置きかわった三畳紀後期の植物化石です。

めのうなどに置きかわった木の化石を珪化木といいます。

化石でうまった地層

千葉県印西市に露出する後期更新世の上総層群木下層です。二枚貝や巻貝などの化石が砂岩層の中にたくさんふくまれています。

恐竜の足あと

アメリカのアリゾナ州テューバ・シティの西端にあるモエンアベ恐竜足跡地では、ディロフォサウルスのものとみられる連続した足あとの化石が見られます。

化石ができるまで

恐竜の死体が、川の上流から流されて、海岸近くの海底にたどり着き、堆積物に埋まり、長い年月をへて地層の中で化石になるまでの様子を見てみましょう。

1 なんらかの理由で恐竜の死体が海岸から海に流れ込みます。

2 死体は他の生物に食べられたり腐敗したりしてばらばらになり、骨だけが堆積物にうまります。

3 海底の堆積物の上にはさらに土砂が重なり、重みで恐竜の骨はこわれたりしながらも、石に置きかわりました。

4 恐竜の化石をふくんだ地層の上に新しい地層の堆積が進み、その後、地殻変動で隆起しました。

5 陸地になった地層が侵食され、恐竜化石をふくんだ地層が露出し、化石が発掘されました。

サメなどの軟骨魚類は、やわらかい軟骨は残らず歯が化石になることが多いです。

くらべてみよう
化石の世界

大昔の生物の死体や生活のあとが長い年月をかけて石として残ったものが化石です。化石からは過去の地球にどのような生物が生息していたか、その生物がどのような環境にくらしていたのかなど、地球の歴史の手がかりを知ることができます。

発掘された化石から余分な岩石や砂を取り除く作業を化石のクリーニングといいます。化石本体を壊さないよう慎重に行わなければならない繊細な作業です。

陸の生物

ティラノサウルス
白亜紀末期に生息した大型の肉食恐竜です。当時の陸上の生態系の頂点にいたと考えられています。
●白亜紀後期 ◆カナダ、アメリカ ♣全長12〜13m

アーケオプテリクス（始祖鳥）
最も古い鳥のなかまです。かぎ爪をもち、あごにはするどい歯があるなど、は虫類に似た特徴をもっていました。
●ジュラ紀 ◆ドイツ ♣全長0.5m

ディメトロドン
単弓類と呼ばれるグループの生物です。口の前方と後方で形がことなる歯と、背中にある帆のように伸びた骨が特徴的です。
●ペルム紀 ◆アメリカ、ドイツ ♣全長3.5m

ガストルニス
大型の飛べない鳥です。後ろあしは太く頑丈で、地上をゆっくり歩いて植物を食べていたと考えられています。
●古第三紀 ◆北アメリカ、ヨーロッパ、中国 ♣体高2m

メガネウラ
巨大なトンボのなかまです。この生物が生息していた時代はヤスデやゴキブリなど、他の昆虫類も巨大化しました。
●石炭紀 ◆フランス ♣翅開長71cm

スミロドン
長い牙状の犬歯が特徴的なネコ科の生物です。マンモスなどの大型動物をおそっていたと考えられています。
●第四紀 ◆アメリカ、メキシコ、南アメリカ ♣体長1.7m

●時代 ◆発掘地 ♣大きさ

海の生物

ゲネヴィエヴェラ

アークティヌルス

アサフス

三葉虫
古生代に大繁栄した節足動物です。からだは頭部、胸部、尾部の3つに分けられます。1万以上の種類が生息していたようです。
- ●古生代 ◆世界各地 ♣全長最大72㎝

ダンクルオステウス
かたいよろいのような頭部をもっていた魚です。あごをすばやく開けることができ、かむ力も強力だったようです。
- ●デボン紀 ◆アメリカ、ポーランド、モロッコ ♣全長4m

ニッポニテス

マンテリセラス

アニソセラス

アンモナイト
イカやタコなどが属する頭足類というグループの生物です。一般的な巻貝のような殻の他にさまざまな巻き方の殻をもった異常巻きアンモナイトが知られています。
- ●中生代 ◆世界各地 ♣直径最大2m

ウミサソリ（ユーリプテルス）
古生代を代表する節足動物のグループです。肉食性で、魚などの生き物をおそっていたと考えられています。
- ●シルル紀～デボン紀 ◆北アメリカ、ヨーロッパ、中国 ♣全長28㎝

ステノプテリギウス
大型の海生は虫類です。胃の中身が残っているものなど、保存状態がよい化石がたくさん見つかっています。
- ●ジュラ紀 ◆イギリス、ドイツ、フランス、スイス ♣全長3m

メガロドン
推定で全長10m以上とされる史上最大級のサメです。大型のほ乳類をおそっていたと考えられています。
- ●新第三紀 ◆世界各地 ♣全長18m? 歯の大きさ15㎝

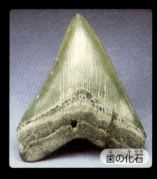
歯の化石

植物

メタセコイア
現在も生きている植物です。絶滅したと考えられていましたが、1945年に中国で生きているものが発見されました。
- ●白亜紀～現在 ◆北半球 ♣木の高さ50m

イヌブナ
日本の太平洋側に分布する落葉樹です。この化石が発見された栃木県の那須塩原市からは他にも状態のよい植物化石が多数見つかっています。
- ●第四紀～現在 ◆日本 ♣木の高さ25m

くらべてみよう
恐竜のすがた

恐竜は今から約2億5190万年前から始まる中生代という時代に登場し、1億年以上にわたって地上を支配していました。さまざまな恐竜がどのようなくらしをしていたのか、化石から読み取っていきましょう。

パラサウロロフス
頭の突起の中には鼻につながる管があり、鼻から息をはくと大きな音がでたようです。
- 🔵白亜紀後期 ◆カナダ、アメリカ
- ♣11m ♥植物食

▲パラサウロロフスの全身骨格

長いとさかのような突起
鼻の穴

ティラノサウルス
太くてじょうぶな歯と強力なあごで、えものの植物食恐竜をとらえて食べていました。
- 🔵白亜紀後期 ◆カナダ、アメリカ
- ♣12〜13m ♥肉食

目の穴
鼻の穴
太くじょうぶな歯
骨までくだくあご

▲ティラノサウルスの頭骨

🔵時代 ◆発掘地 ♣大きさ ♥食性

水がつくる絶景

静かに水をたたえる湖や轟音を響かせて流れる瀑布など、水はさまざまな表情を見せます。地下水の流れや雨の多い季節の水量の変化によって現れる絶景もあります。地球が大気中で水が循環する水の星だからこそ目にすることのできる絶景といえるでしょう。

天空を映す巨大な鏡
ウユニ塩湖（ボリビア）
標高3700mに位置する巨大な塩湖です。アンデス山脈が隆起したときに、山といっしょにもち上げられた海水が取り残され塩原をつくり、雨水がたまると塩湖になります。見渡す限り広がる鏡のような景色は天空の鏡と呼ばれ、さまざまな作品に使用されています。

大いなる水
イグアスの滝（アルゼンチン、ブラジル）
イグアス川の下流に位置するイグアスの滝は、同地域にある大小200を超える滝の総称です。水量の増える雨季には毎秒65,000トンにも達する水が流れ落ち、この水量は滝の中で世界最大量をほこっています。

湖に浮かぶ天然の大聖堂
マーブルカテドラル(チリ)

パタゴニア地方のヘネラル・カレーラ湖に浮かぶ大理石の巨岩中にある洞窟です。湖の水が長い時間をかけて岩を侵食し、その断面の層に湖面の水が反射することで幻想的な青い景色を生み出しています。

バラ色の湖
ラック・ローズ
(レトバ湖)(セネガル)

ラック・ローズの名はバラを思い起こすようなピンク色をした湖水から名づけられました。この色は赤色の色素をもつ藻類によるものです。

世界最大の落差
エンジェルフォール
(ベネズエラ)

ギアナ高地にあるエンジェルフォールは979mと世界最大の落差をもつ巨大な滝です。あまりの落差から滝の下部で水が霧状になり、滝壺が存在しません。

直径50mの巨大な地底湖
セノーテ・イキル
(メキシコ)

ユカタン半島に多く見られるセノーテは、石灰質の地層にできた穴に水がたまり形成された、地上にぽっかりと開いた天然のプールです。中でもセノーテ・イキルは直径50mを超える巨大なセノーテとして知られています。

純白とエメラルドグリーンのコントラスト
レンソイス・マラニャンセス国立公園(ブラジル)

この場所の砂丘の砂はほとんどが石英で構成されています。雨季になると砂丘の下の地下水の水位が増し、無数のエメラルドグリーンの湖が現れます。

113

地球をおおう海

太陽系の惑星で液体の海をもつ惑星はただひとつ、地球だけです。海は地球表面の約70％を占めています。海によって地球表面の環境は安定し、生命の誕生につながりました。

海の大きさ

現在の地球には、太平洋、大西洋、インド洋の3大洋、日本海やベーリング海など大陸沿岸に入り込んだ縁海、大部分が陸地に囲まれた紅海や地中海などの海があります。海と陸地の割合は北半球と南半球でちがい、陸地の84％は北半球に集まります。

海と陸の面積の割合	
海の表面積	約3億6100万km²
陸の表面積	約1億4900万km²

海水の成分

約44億年前に大気や海水にふくまれた二酸化炭素と、海水中のカルシウムやマグネシウムから炭酸塩ができ、海底に炭酸塩岩（石灰岩）が堆積しました。その後、長い年月をかけて現在の海水ができました。世界中の一定量の海水にふくまれる塩類の量には差がありますが、その割合はほぼ同じです。

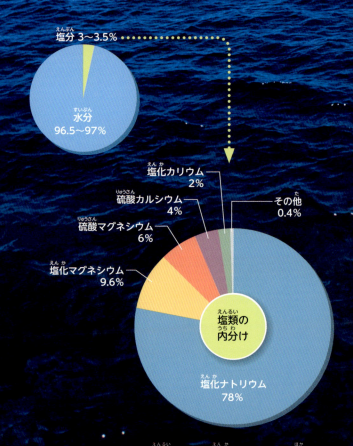

塩類の78％は塩化ナトリウムで、他にもさまざまなものがふくまれています。
（資料＝塩事業センター）

海水と人体の成分（元素組成）は、よく似ています。これは生命が海水中で誕生した証拠であるとする説があります。

海はこうしてできた

1 約46億年前、地球ができたばかりのころに、多くの微惑星が地球に衝突しました。この微惑星の中にふくまれていた水やさまざまなガスが外に出て、原始の地球に大気ができ始めました。大気は、地球のまわりを囲んであたため、地球はしだいに熱球になりました。微惑星の衝突は続き、その熱で岩石はとけてマグマになり、地球を取り囲み、火の玉のような地球（マグマオーシャン）になりました。

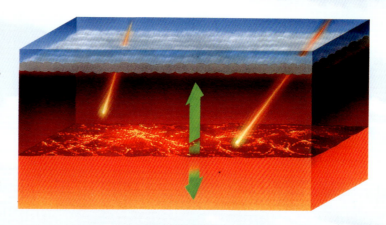

2 微惑星の衝突が減ると、地球上は冷え始めて大量の雨がふり続き、低いところには水がたまり、原始の海ができ始めました。この水は強い酸性で岩石をとかし、アルカリ性の化学成分がとけ出して海水に混ざり、強い酸性の水を中和していきました。

3 中性になった海水に大気中の二酸化炭素がとけ込んで、酸素をつくるシアノバクテリアが現れました。地球の水と大気に酸素がふえました。

❓ 世界一塩からい湖…死海

アラビア半島北西部にある死海はふつうの海水の約10倍の塩分をふくむ、世界で一番塩からい湖です。白亜紀以前には海が入り込んでいましたが、その後とざされ湖となりました。周囲の陸地から流れ出す濃い塩分と、雨の少ない気候などから現在のような水質になったと考えられています。名前の通り、生物が生きていくには難しい場所ですが、緑藻類と微生物が限られた場所に生きています。

塩分が多いため比重が大きく、体が浮くことで有名な観光地です。

食用に使う塩は海水を蒸発させてつくるものと、海水が陸上に閉じ込められて結晶となった岩塩とがあります。

大地と水のはたらき

サンゴ礁

サンゴ礁とは、石灰質の骨格をもつサンゴが死んで、海底にその骨格が積み重なるなどしてできる地形のことです。礁は水面に見え隠れする岩のことを指す言葉で、サンゴ礁をつくるサンゴは造礁サンゴと呼ばれます。

造礁サンゴの特徴

礁をつくる造礁サンゴの細胞内には、褐虫藻という小さな藻類が共生しています。造礁サンゴは自らが食べる動物プランクトンと、体内の褐虫藻が光合成を行ってつくりだすエネルギーを使って、石灰質の骨格を成長させます。海の中の太陽光のとどくところで光合成を行うので、造礁サンゴは水深約20mより浅く、適度な塩分とあたたかい海水がある場所に分布しています。

サンゴ礁の生態系

サンゴ礁には多数の隠れ場所ができるため、小魚やエビなどがすみかにしています。それらをねらった肉食の生物が集まり、サンゴ礁には豊かな生態系が形成されています。

サンゴは刺胞動物で、軟体部はイソギンチャクと似た簡単な体のつくりをしています。造礁サンゴの多くは、無性生殖で増えた同じ遺伝子をもつ個体が集まって群体をつくっていて、その形はテーブル状、木の枝状、かたまり状などさまざまです。

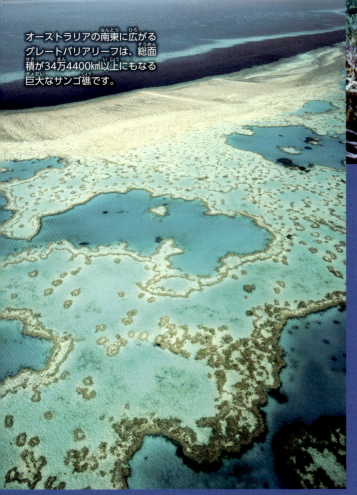

オーストラリアの南東に広がるグレートバリアリーフは、総面積が34万4400km²以上にもなる巨大なサンゴ礁です。

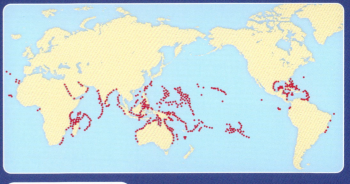

宮古島（沖縄県）のサンゴ礁の様子。

サンゴ礁の分布

赤道を中心として東西方向にある熱帯〜亜熱帯の浅い海に限られています。日本では、南西諸島などに分布していて、その北限は千葉県です。

環礁ができるまで

造礁サンゴは陸地や島のまわりの浅い海で成長します。このため陸地がしずんだり、海水面が上がると、同じような深さが保たれるように、海水面近くで上に向かって成長を続けます。すると、礁が陸地や島を取り囲む環礁が形成されます。

サンゴ礁の成長は過去の長い間の海水面の変化や、陸地の上下の変動を記録しているのです。

1 裾礁

造礁サンゴのすむ海洋の中で噴火が起こり、火山島が現れました。噴火が続いて島は隆起し、その周囲の浅い海にサンゴ礁ができて島にくっつき、裾礁となりました。

2 堡礁

海底が移動して火山活動はおさまり、火山島は頂上を残してしずみました。サンゴ礁と陸の間には海水が入り込み、堡礁となります。

3 環礁

さらに海底が移動すると火山島が完全に海面下にしずみます。サンゴ礁は隆起を続け、ドーナツ状、またはアルファベットのC字形のような環礁（アトール）となって残ります。島は完全にサンゴに囲まれ、火山の中心の部分は陥没し、浅瀬の礁湖ができます。

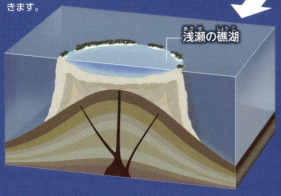

モルディブの環礁の列

インド半島の南西の海上に浮かぶモルディブは、環礁の上にあります。中央にあった島が海面下にしずんで、まわりのサンゴ礁だけが残って成長を続け、環礁ができました。

深海のすがた

一般的に水深200mより深い海を深海と呼びます。深海底の地形の調査は、1950年代から観測船を使って行われるようになりました。近年の調査で見えてきたのは、陸地と同様の山や谷、盆地、扇状地などのすがたです。また、地球内部の活発な活動を伝えるものとして、海嶺や海溝、海底火山などがあります。海嶺の上やその周辺に見られる熱水噴出孔についても研究が進められています。

海の深さ

平均海面を0mとすると、水深約200mまで大陸棚が海岸沿いに広がり、その幅は場所によってちがいます。傾斜はゆるく平均の角度は約6°です。その先の大陸斜面は、平均水深が3000mで、傾斜は2～5°です。その先には深海平坦面などがあり、2000mより深い平均4000～6000mの海底が海洋の全表面積の約80％を占めます。

(参考資料＝『はじめての海の科学』創英社／三省堂書店)

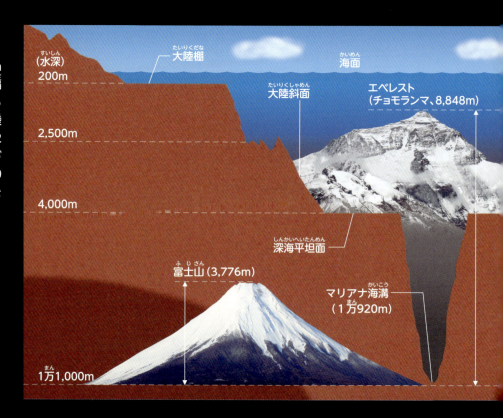

深海の3つの特徴

暗い

水深が深くなると太陽の光はしだいにとどかなくなります。また、光の種類によってとどきやすさが変わり、赤い光は水深10m程度でとどかなくなります。この影響で深海では赤色は目立たなくなるため、深海生物の中には赤色の体をもつものが数多くいます。

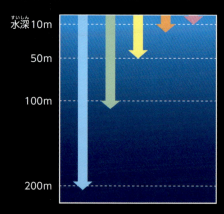

低温

表層の水温は太陽光や風の影響で地域差が大きいものの、水深が3000mより深いところでは3℃前後で一定になります。また、深海の水温は水深1000mに達するまでの間で急激に変化します。

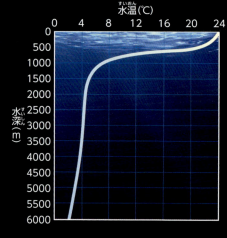

高圧

水による圧力は水深が10m深くなるごとに1気圧ずつ増えていきます。水深200mの深海ではおよそ20気圧がかかりますが、これは小指のつめに20kgのおもりが置かれているほどの力になります。

圧力でちぢんだカップ麺の容器。水深が6500mの水圧ではもとの大きさの半分程度までちぢんでしまいます。

太陽光のうち青～緑色の波長の光は浅い海では海中の植物プランクトンの光合成に使われます。

熱水噴出孔

海底の地下にあるマグマの活動によって、熱水（または湧水）をふき出している場所を熱水噴出孔といいます。熱水には鉛、亜鉛、銅、鉄、などがふくまれ、その多くは海底に付着（沈殿）して煙突のようなチムニーをつくります。

ブラックスモーカー
黒い熱水をふき出す噴出孔もあり、ブラックスモーカーともいわれます。大きなものは高さが10〜15mくらいあります。

熱水噴出孔の断面

深海に生きる生物

深海には光がとどかず食べものも少ない厳しい環境に適応した生物たちが生息しています。中には奇妙な見た目や生態をした生物もいます。

熱水噴出孔のまわりに生きる生物
チムニーのまわりには、独自の生態をもったエビや貝などのなかまが集まってくらしています。

ハオリムシ（チューブワーム）のなかま
大きさは2〜数10cmくらいです。熱水を吸い込んで、体の中のバクテリアにあたえています。

チョウチンアンコウ
水深600〜1200mに生息し、頭部の発光器にすむバクテリアの光でえものをおびきよせます。

コウモリダコ
イカやタコに近いなかまです。8本のあしとマントのような膜をもち、吸血鬼イカとも呼ばれます。

最も深いところで見つかった魚は水深8336mで見つかったスネイルフィッシュのなかまです。

海底の地形を見る

海水を取りさった地球の素顔

海底の地形でまず目を引くのは海溝と海嶺です。海溝は長さ1000km以上もある深い谷で、プレートがもぐり込む場所です。主に大陸の縁に沿って続き、弓を引いたように大きく曲がっています。海嶺は海底からの平均の高さが2000mぐらいで、全体の長さは数万kmにもなる大山脈です。この山脈は火山体が連続してならんでいて、ひとつひとつが直交する方向に断層があり、横にずれていて、これをトランスフォーム断層といいます。海嶺ではマントルから熱が上昇し、プレートが新しく生まれています。

海洋底の調査

1950年以降の海洋観測船の活躍で、海底の地形を調べることができるようになりました。

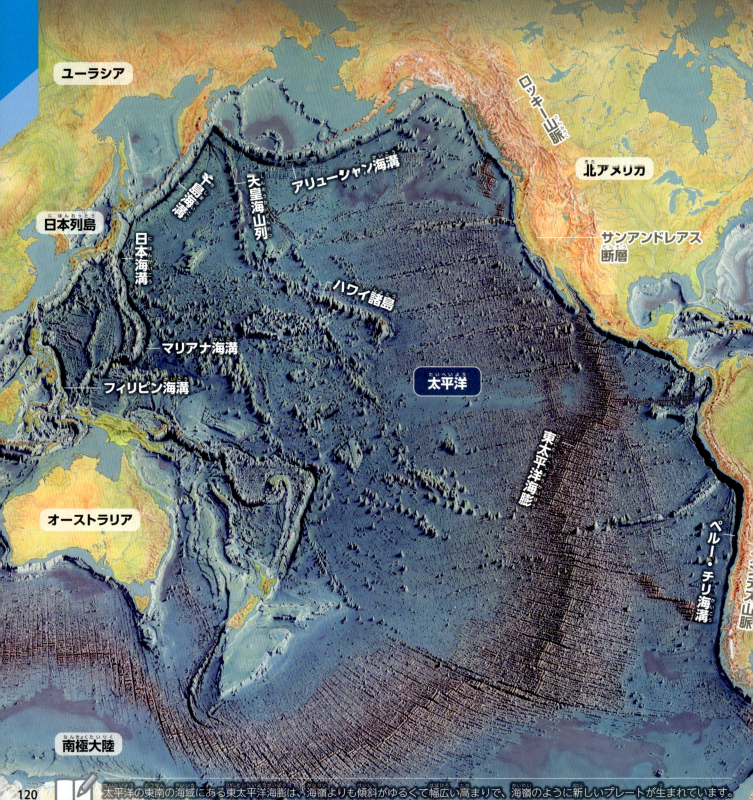

太平洋の東南の海域にある東太平洋海膨は、海嶺よりも傾斜がゆるくて幅広い高まりで、海嶺のように新しいプレートが生まれています。

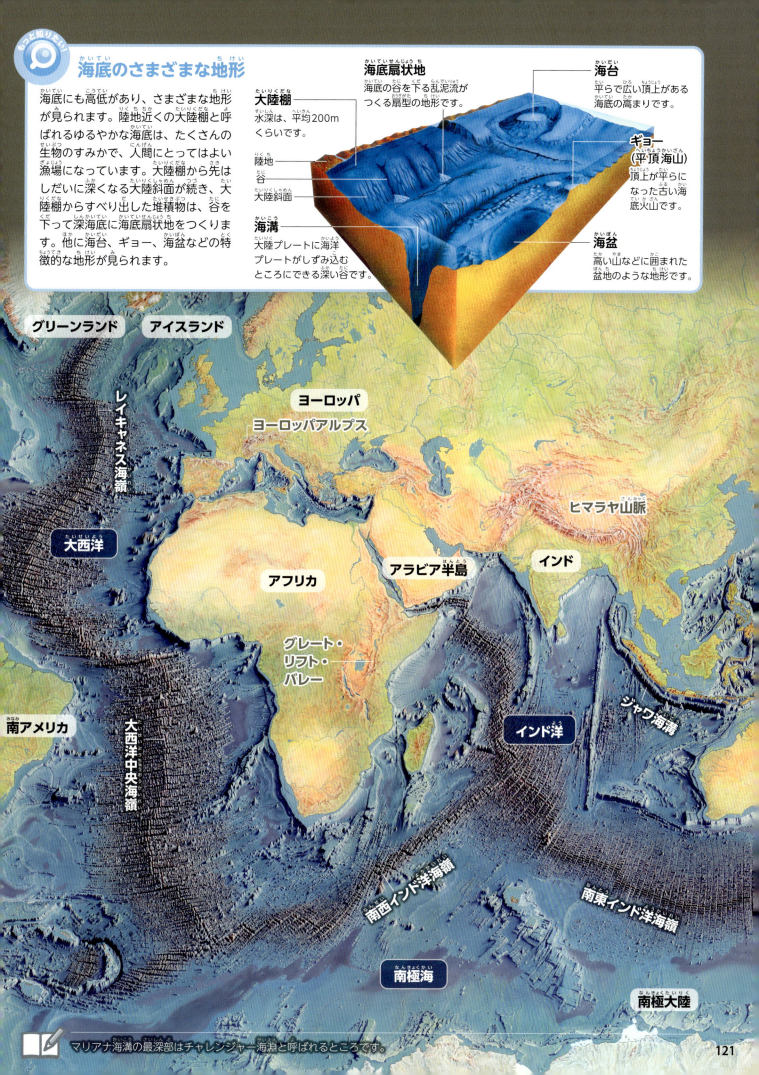

世界の海流

一定方向に流れている海水の流れを海流といいます。海流は一定の幅と深さをもっています。海流は海水の熱を運び、海洋生物の分布や移動に深くかかわり、海底の堆積作用にも関係するなど、地球の自然環境に大きな影響を与えています。

海流の道筋

地球の表面の海流は地球が太陽から受ける熱エネルギーと、自転の影響を強く受けています。日本の東を見ると、北赤道海流は北東貿易風の影響で西に向かい、ユーラシア大陸の東岸に当たり大きく北上して黒潮になります。黒潮は偏西風によって西風海流（北太平洋海流）となり、北アメリカ大陸の西岸に向かいカリフォルニア海流として南に流れ、北赤道海流に続きます。また、日本の北では極東風で極流ができて親潮となって南下し、その後東に向かい北アメリカ大陸北部の西岸でアラスカ海流となります。

いろいろな海流

主な海流は4つあります。
1. **吹走流**：海上を一定方向にふく風による海流。
2. **密度流**：海水の温度や塩分によってちがう密度の差による海流。
3. **傾斜流**：海面にできた傾きによる海流。
4. **補流**：流れをおぎなうためにできた新しい流れ。

寒流　暖流

大きな海流のでき方

貿易風や偏西風によって海水は流れ出し、大気の配置や地球の自転で起こるコリオリの力などによって大洋の周りをまわる大きな還流になります。

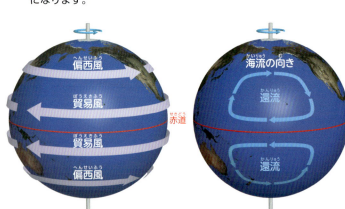

コリオリの力とは

地球は自転しているため、緯度によって移動距離が変わります。飛行機が赤道付近のAからBに向かって飛行した場合、まっすぐな飛行をしようとしても、東側のCに向かってしまいます。このように、地球の自転により、緯度が高いところほど強くはたらく力をコリオリの力といいます。

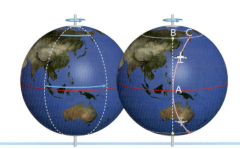

両極でも深層水は凍結しません。

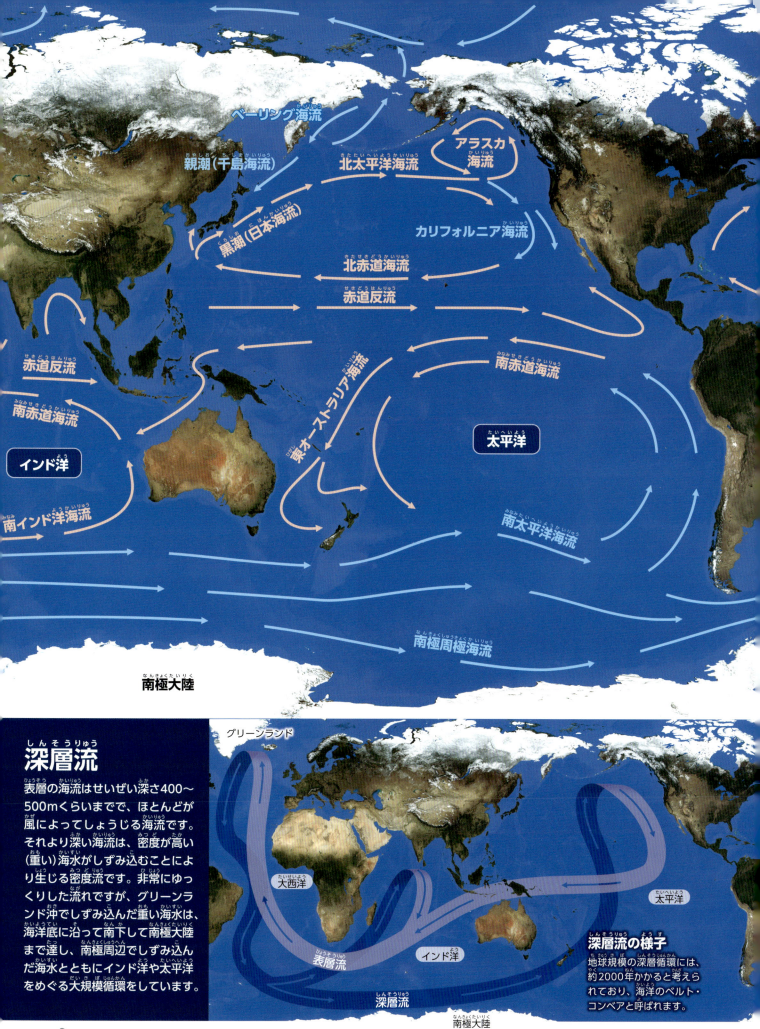

波の正体

波は海水の運動が現れたもので、陸地を侵食し、海底での堆積のはたらきにも関係し、ときには災害をもたらします。波には、風や潮の満ち干、気圧の急な変化や地震に関係して起こるものなどがあります。

風で起きる波

風で発生したさざ波は、風がふき続けてできた風浪というぎざぎざした波です。風浪は風のない海域に入っても、丸みをもったうねり波となって遠くまで伝わります。海岸に近づいた波は、うねり波の他に、磯波と呼ばれる巻き波や、くずれ波をつくります。海岸におしよせる高い巻き波はサーファーに喜ばれる波です。

巨大な巻き波
大きな三角形の波の山をもった巻き波です。

波のでき方

風浪やうねりは、水深が波長と同じくらいのところで起こる表面波で、海岸付近では、水深が浅くなるほど波の進む速さは遅くなり、後ろからきた波が、おおいかぶさるようになり、波の山がくずれてくだけ波ができます。

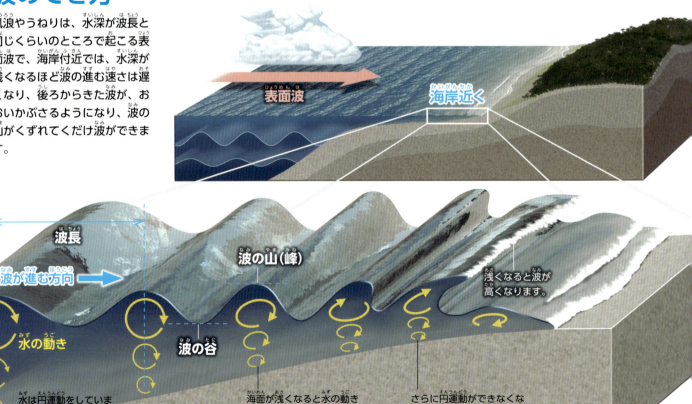

表面波　海岸近く

波長　波の山(峰)　浅くなると波が高くなります。
波が進む方向　水の動き　波の谷
水深

水は円運動をしています。深くなると、水の動きは小さくなります。

海面が浅くなると水の動きが海底にぶつかり、円運動ではなくなります。

さらに円運動ができなくなると、波頭がくずれます。

波は海岸で砕けてエネルギーを失ったように見えますが、実際には沿岸流や離岸流、底引き流などになって、砂などを移動させます。

海岸近くの波

うねり波
遠くはなれた海で発生した風浪が伝わってきた波や、風がふき止んだ後でも残っている波などをいいます。波の形は全般にゆるやかで、波の山は丸みをもっています。

巻き波
冬の荒波によく見られる波で、波の山は三角形になり、海岸で沖に巻き込んでくずれるような動きをします。海岸を破壊して砂を引きずるように沖に運んでいきます。

くずれ波
春から夏にかけて海岸におしよせる波で、波の山は丸みをもっています。この波は海岸に打ち上げ波となって、沖合の海底から砂を海岸に運んできます。

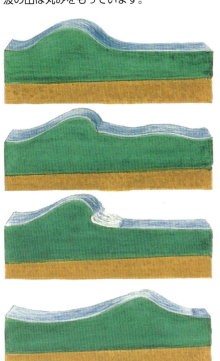
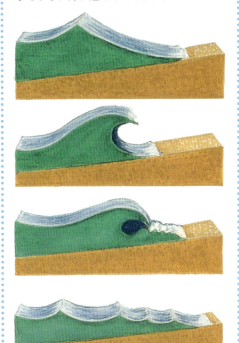

波がほとんど立たない状態を凪と呼びます。

浮世絵に描かれた大波
1831年、葛飾北斎の「富嶽三十六景」に描かれた浮世絵で、現在の横浜沖の様子です。神奈川沖波裏と題してあり、船の大きさなどから波の高さは10〜12ｍと推測されます。

高潮と高波

短時間で急激に海面が上昇することを高潮といい、主に気圧の低下によって空気が海水面を吸い上げる吸い上げ効果によって発生します。また、強風によって発生する高い波のことを高波といいます。台風が陸に近づくと高潮と高波が発生することがあり、被害が拡大します。

沖縄県の与那国島で観測された高波の様子です。台風の接近によって発生した高波は10m近くになることもあります。

吸い上げ効果によって高潮が発生するしくみ。台風中心部の気圧の低い空気が海水を吸い上げ、まわりの気圧の高い空気が海面をおすことで海面がもり上がります。

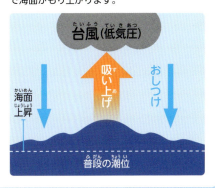

津波は、波の波長が数〜数百kmと大変長く、とても遠くまで伝わります。

海で見られる絶景

地球の表面の約70％を占める海では、海水による侵食・運搬作用や透明度の高い海水そのものがつくり出したさまざまな美しい景色を見ることができます。また、水上から見られる風景だけでなく、サンゴ礁や海中洞窟など水中にも幻想的な絶景が広がっています。

青と白の砂浜
ホワイトヘブンビーチ（オーストラリア）

青い海水と純白の砂がおりなす風景は世界で最も美しいビーチともいわれています。この砂浜は石英質の砂粒が太陽光を反射することで白く輝きます。

美しい水に満ちた絶景
青の洞窟（イタリア）

ナポリのカプリ島にある青の洞窟は、鮮やかな青に染まった水面と海底の大理石による神秘的な光景で有名な絶景スポットです。波の高い日は洞内に入ることができず、晴れた日にしか見ることができない奇跡の光景です。

巨大なサンゴ礁
グレートバリアリーフ(ハートリーフ)(オーストラリア)

オーストラリアの北東に広がるグレートバリアリーフは、長い時間をかけてつくられた全長2000kmを超える巨大なサンゴ礁です。その中にあるハートの形をしたハートリーフは観光スポットとして知られています。

海中で浴びる光のシャワー
ブルーホール(パラオ)

サンゴ礁にあいた4つの縦穴とその下のドーム状の空間から構成される海中洞窟です。水深は約26mあり、ドームに差し込む美しい光が人気を集め、世界的に有名なダイビングスポットとなっています。

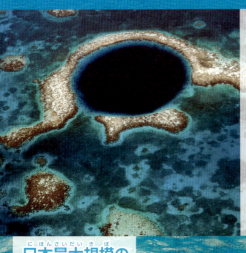

ぽっかりあいた海の穴
グレート・ブルーホール(ベリーズ)

ブルーホールと呼ばれる地形は洞窟や鍾乳洞が海中へ水没し、浅瀬に穴があいたように見える地形です。その中でもカリブ海にあるグレート・ブルーホールは直径318m、水深124mにもなります。

日本最大規模のサンゴの森
八重干瀬(沖縄県)

八重干瀬は沖縄県宮古島周辺に位置する、周囲25kmにもなる日本最大級のサンゴ礁です。海水の透明度の高さや生態系の豊かさから、国の天然記念物に指定されています。

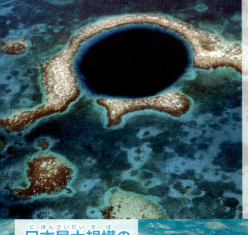

海一面をおおう氷
網走の流氷(北海道)

オホーツク海の最北西部でつくられた流氷は成長しながら南下し、2月上旬ごろに北海道のオホーツク沿岸へとたどり着きます。おし寄せる流氷を間近で見られる観光ツアーでは、アザラシやワシなどの野生動物も観察することができます。

地球の大気

地球の表面は大気と呼ばれる気体でおおわれています。大気は温度や高度によって4層に分けられ、大気のある場所全体は大気圏と呼ばれます。大気には酸素がふくまれており、これによってわたしたちは呼吸をすることができます。また、大気の動きは雲の発生や台風、竜巻などの気象現象の要因になります。

上空から見た大気の層と雲
うっすらと青く光って見えるのが大気です。大気は高度約500kmまでで、雲が発生するのは高度約13kmまでです。大気の外にある宇宙空間から生物に有害な紫外線がふりそそぎますが、大気の層がこれをさえぎっています。

虹と富士山にかかるかさ雲
山の頂上のかさ雲は、上空の風が強く、大気が安定しているときに発生します。また、虹は大気中の水滴と太陽の光によってつくられる現象です。このように、大気はさまざまな景色をうみ出すことがあります。

大気の歴史

地球の周囲をとりまく気体が大気です。地表からの高さ約80km付近までの成分の割合は、場所や季節に関係なくほぼ一定しています。地球に大気があるのは、地球の重力が気体を地球の周囲につなぎとめているためです。

大気の成分

地球の大気は、窒素と酸素が大部分を占めています。他には、水蒸気、二酸化炭素、オゾン、アルゴンなどがふくまれます。

その他（二酸化炭素など）
酸素 約21％
窒素 約78％

酸素を放出したシアノバクテリア

大気中に最初に酸素を放出したとされるシアノバクテリア（糸状のらん藻）は、今から約27億年前に現れました。オーストラリアのシャーク湾には、現在も生き残っていて、ストロマトライトという堆積岩をつくっています。

生命が生まれ、酸素ができた

地球ができ始めたころの大気は、現在とはことなり水蒸気や二酸化炭素、窒素などが多かったと考えられています。この大気は、地球が誕生したときの活発な火山活動により、地球の内部から放出されたという説などがあります。やがて、地表に海ができ、最初の生命が誕生しました。そして、約27億年前に出現したシアノバクテリアは、葉緑素をもち光合成を行い、大気中に酸素を放出しました。その後、光合成をする生物が海にも陸にもふえ、酸素が大気全体の約21％を占めるようになりました。

光合成は葉緑素をもつ生物が光、水、二酸化炭素から酸素とエネルギーをとりだすはたらきです。

オゾン層が有害な紫外線を吸収

酸素の分子は酸素原子が2個集まってできていますが、成層圏では、酸素原子が3個集まったオゾンに変わっています。このオゾン層（オゾンでできた層）が、生物にとって有害な太陽からの紫外線を吸収し、地表面にとどきにくくしているのです。大気中に酸素がないころは、太陽からの紫外線が地球の表面にふりそそいでいたので、生物は紫外線の影響の少ない海の中に生息していました。

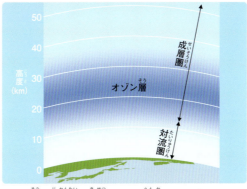

オゾン層は時間帯や季節によって変化しますが、おおよそ地上から20～25kmを中心とした場所にあります。

オゾン層によって有害な紫外線が吸収されたので、生物は海の中だけでなく陸上でも生存できるようになりました。

大気のでき方

1 微惑星が衝突をくり返し内部のガスが表面に放出され、水蒸気や二酸化炭素などの大気ができました。

2 大気は厚い雲となって原始地球をおおい、微惑星の衝突熱が宇宙空間に逃げられなくなり、地表はとけてマグマの海になりました。

3 微惑星の衝突がへり、地表の温度は下がり、厚い雲にふくまれていた水蒸気が雨となって熱い地表にふりそそぎ、原始の海をつくりました。

4 大気中の水蒸気が雨となって落下したため、大気は晴れ、大気中の二酸化炭素の大部分は原始の海にとけました。

5 原始の海に、太陽エネルギーと二酸化炭素を吸収し、酸素を放出する生命が生まれ、大気中の酸素がふえました。

6 大気中に酸素がたまると、太陽の紫外線と酸素の分子が反応してオゾンがつくられ、生命が陸上へ進出しました。

大気は長い時間がかかって変化してできたものですが、人間活動によりかつてない速度で変化しているのではと心配されています。

大気のしくみ

大気は、地表付近から対流圏、成層圏、中間圏、熱圏の4つの層に分けられます。熱圏と成層圏は高度とともに気温が高くなり、中間圏と対流圏は高度とともに気温が低くなります。高い山に登ると気温が低くなりますが、これは地表付近の対流圏の現象です。

スペースシャトルから見た地球と月です。地平線付近では、月の光が大気の層を通るため月がぼやけていますが、地平線から少しはなれると、大気がなくなり、月がくっきり見えます。

大気の運動と気象

大気の運動やそれにともなって起きる気象は、3つに分類できます。①高気圧や低気圧、台風などの数百km以上の大きさがある現象、②前線や局地風、雷雨など十〜数百kmの大きさの現象、③積雲など10km以下の大きさの現象です。①の大きな規模の現象は数日〜1週間、②の海陸風などの現象はほぼ1日、③の竜巻などの現象は数時間というように、規模が大きい現象ほど、長く続きます。

地球を直径1mの地球儀で考えると、大気の大部分の厚さは約1mmです。わたしたちはこのうすい大気の中で生活しています。地球の表面の海からは絶えず水蒸気が発生し、その上空で雲ができて雨がふるなど、さまざまな大気現象が起きます。

隕石や宇宙船が宇宙空間から大気圏に突入すると、空気を圧縮することで非常に高い熱にさらされます。

大気の層のつくり

大気の層の境目を、圏界面といいます。季節と場所によって圏界面の高さは上下します。対流圏と成層圏の圏界面は、低緯度では高緯度より高く、また、夏は冬より高くなっています。

熱圏（約80〜500km）
中間圏より上の大気の層で、気温は高度とともに上昇し、上部では2000℃にも達します。しかし空気の密度が非常に小さいため、この中をロケットが飛んでもとけません。

中間圏（約50〜80km）
成層圏より上の大気の層です。二酸化炭素が赤外線を放射して冷却するため気温は高度とともに低下し、80kmくらいの中間圏上部では、−90℃くらいになります。

成層圏（約11〜50km）
対流圏の上の大気の層です。成層圏の下部では温度変化は少ないですが、上部ではオゾン層が太陽からの紫外線を吸収するので、高さとともに温度が上がります。

対流圏（0〜約11km）
緯度や季節によってことなりますが、地表からおよそ10kmまでの大気の層です。対流活動が活発で、上下方向に空気がよく混ぜられています。

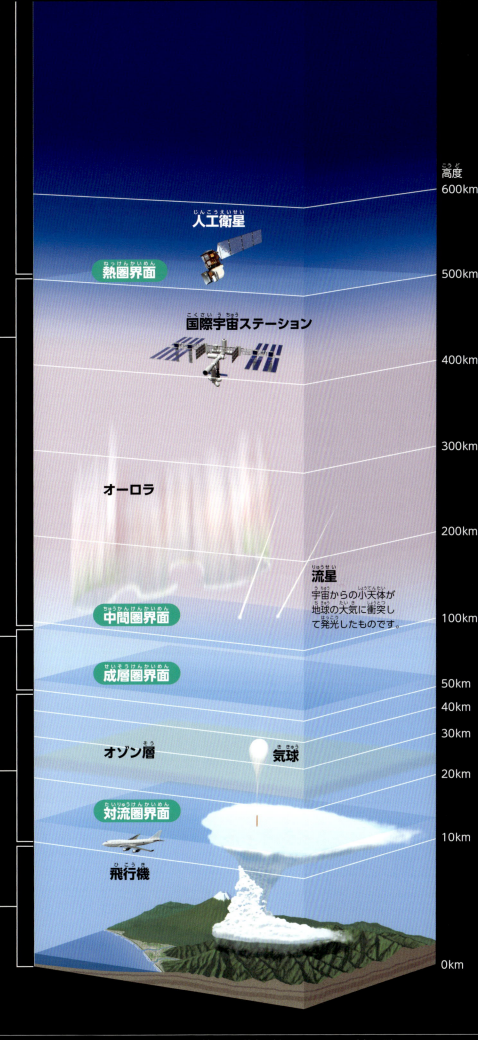

地球をおおっている大気がおす力を気圧といいます。高いところほど、その上にある空気が少なくなるので、気圧は低くなります。

大気の動き

大気は地球の熱などの移動に深く関わっています。地球は太陽からのエネルギーを受け取ってあたたまり、同じ量のエネルギーを赤外線として宇宙空間に放出して冷えています。このとき、低緯度では受けるエネルギーのほうが大きくて熱くなり、反対に高緯度では放出するエネルギーのほうが大きくて冷たくなります。

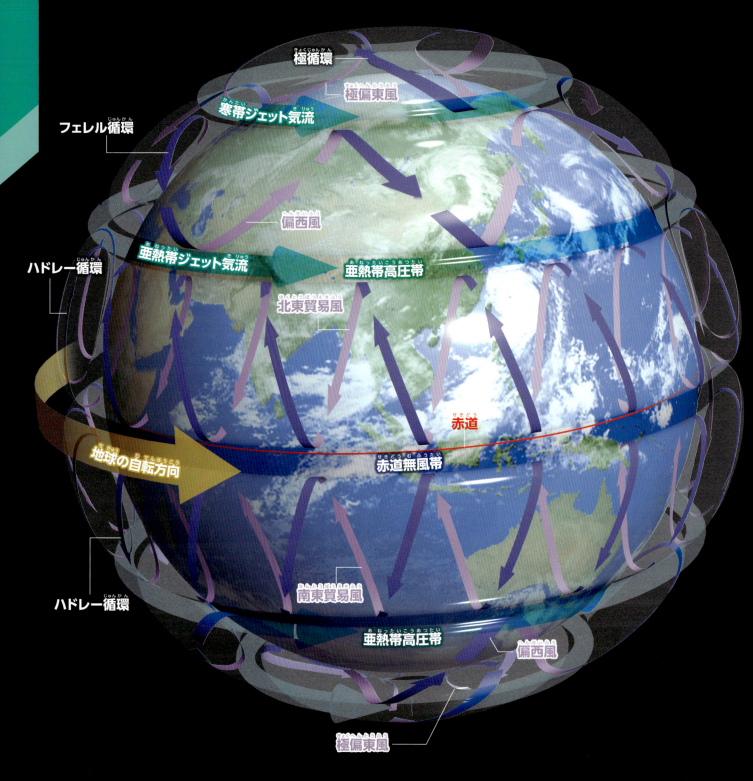

地表面の大気は、低緯度から高緯度に向かう熱の移動にともなって、たえまなく動いています。

大気の大循環

高緯度地方が低温、低緯度地方が高温になることでできた大規模な大気の循環によって、地上付近では北半球の極偏東風、偏西風、北東貿易風と南半球の南東貿易風、偏西風、極偏東風の6つの風系ができます。そして、北東貿易風と南東貿易風が集まるところには赤道無風帯が、北東貿易風（南東貿易風）と偏西風がふき出しているところには亜熱帯高圧帯ができます。そして、大気の循環にもコリオリの力がはたらいています。

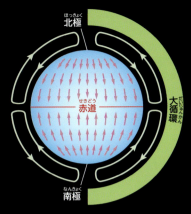

地球がもし自転していなかったら

地球が自転していなかったら、赤道付近で上昇した空気は、そのまま極地方に向かう大きな循環となり、地表は北風か南風になります。

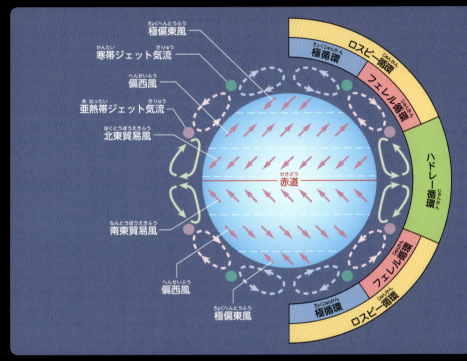

自転している地球にできた大循環

赤道低気圧で上昇した空気は途中で下がり、極地方まではいきません。これは、地球が自転しているからです。この循環をハドレー循環といいます。その高緯度側では、南北方向に激しくくねくねと曲がったり、渦を巻いたりしています。このような大気の循環は、ロスビー循環（フェレル循環と極循環）といいます。ハドレー循環とフェレル循環の境界付近の上空には亜熱帯ジェット気流が、フェレル循環と極循環の境界付近の上空には寒帯ジェット気流があり、ともに強い西風がふいています。

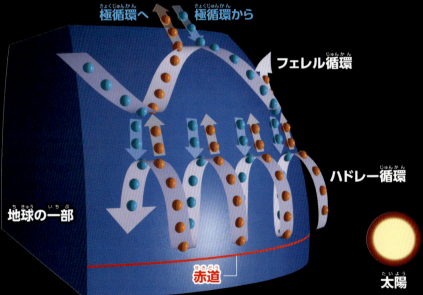

太陽

大気が熱を運ぶ

高緯度地方が低温、低緯度地方が高温になることにより、大規模な大気の循環が起き、熱が低緯度から高緯度に運ばれます。赤道付近の熱は、おもに南北方向に流れる大気の循環によって中緯度に運ばれ、そこから偏西風の影響を受けて高緯度に運ばれます。

❓ なぜどうして？ 黄砂

東アジア内陸部の砂漠や乾燥地域の砂が強風で巻き上げられ、偏西風にのって日本に飛来する現象です。主に春を中心に発生し、大気中に浮遊する砂によって見通しが悪くなったり、洗濯物や窓ガラスに砂がついたり、砂を吸い込んだ場合に呼吸器疾患の原因になるなど、わたしたちの生活にさまざまな影響をおよぼします。

車の窓ガラスに積もった黄砂

赤道無風帯では上昇気流が起こりやすく、スコール（激しい雷雨）が発生します。

水はすがたを変えてめぐる

雲
氷河
雪
雲
湖沼
鍾乳洞
土じょう
河川

雲
雲は、太陽からの光を反射し、地表からの熱を吸収します。また、雲からも熱を放出するなど、雲の分布や高さは大気や地表の熱のやりとりと密接に関係します。

雨

地下水
陸上にふった水の大部分は地下水となります。地下水は長い時間をかけて海にももどっています。

地球はよく水の惑星といわれますが、単に水が多いだけではありません。地球は水が固体、液体、気体で存在できる適度な温度と気圧をもっていることが大きな特徴の惑星なのです。このため、水の循環が起き、生物の生活が成り立っています。

昇華とは、ドライアイスのように物質が液体にならずに固体から気体、または気体から固体に変化することをいいます。

水の大循環

地球上の水や海水は、主に太陽光からのエネルギー（熱）によって水蒸気に変わります。そして大気の運動によって大気の上層に運ばれて冷え、雨や雪などにすがたを変えて再び地表へとおりてきます。これが水の大循環です。

熱の移動

水の大循環が起こる際、もうひとつ大きく移動しているものが熱です。水は水蒸気に変わる際、地表面の熱を気化熱としてうばいます。氷が水蒸気になる（昇華する）ときも、同じように熱を吸収します。そして雨粒や氷の粒になるときに熱（潜熱）を放出します。水が循環することで、大気の上層に運ばれた水蒸気が、大気をあたためているのです。

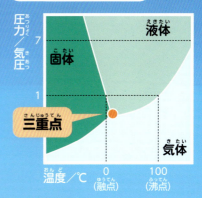

水の相図（状態図）

水の三態

水は気体の水蒸気、液体の水、固体の氷の三つのすがたをもっています。この状態は温度や圧力によって変化し、標準大気圧（1気圧）では0℃以上になると氷はとけて水へ変化します。また、100℃以上の温度では水が水蒸気へと変化します。このような物質の変化において、固体から液体になる温度を融点、液体が気体に変化する温度を沸点といいます。

水は大気中では水蒸気という形で存在していて、大気中の水蒸気をすべて雨にすると、地球全体の平均で約25mmの雨になります。地球全体の年間降水量は平均1000mmといわれているので、大気中の水蒸気は1年に約40回も入れかわっていることになります。このようにくり返される水の循環があるので、わたしたちは淡水を使うことができるのです。

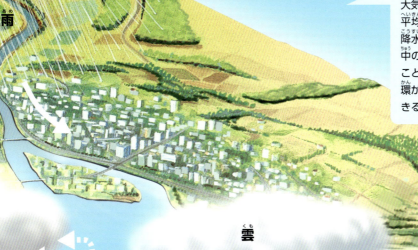

雨

雲

海
海は地球表面積の約70％を占め、大気に熱や水蒸気を与えています。

地球上の水はほとんどが海水

地球の水の97％以上は海水で、残りも多くが氷河などです。湖・河川などの水は地下水の30分の1しかなく、短期間に海にもどる水は、わずかしかありません。

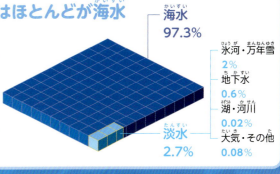

海水 97.3％
氷河・万年雪 2％
地下水 0.6％
湖・河川 0.02％
大気・その他 0.08％
淡水 2.7％

水は地球規模で大気と陸と海を循環します。火山噴火で空中に出たり、地中深く閉じ込められたりする水もあります。

雲のでき方

空の高いところで数多くの細かい水滴が集まったものを雲といいます。地表から水が蒸発して上昇した水蒸気が上空で冷やされ、凝結核（空気中のちりなど）を中心にして水の粒になり、それがたくさん集まると雲になります。また、上昇気流があると空気が冷やされるため、雲は多くの場合、上昇気流があるところにできます。

上昇気流による雲のでき方

地表面付近の空気塊（空気のかたまり）が上空へもち上げられると、上空ほど気圧が低いために空気は膨張して温度が下がります。水蒸気はあたたかいほどたくさんの水分をふくむことができますが、温度が下がると、水分をもちきれない状態（飽和状態）になります。さらに空気がもち上げられると、飽和した水蒸気が凝結して雲になります。

雲のできる位置

空気が湿っている場合には、わずかな上昇によって飽和に達するため、低い位置から雲ができ始めます。それに対し、空気がかわいている場合には、高いところまで上昇しないと雲ができません。雲は空気が最も上昇する高さまで発達します。

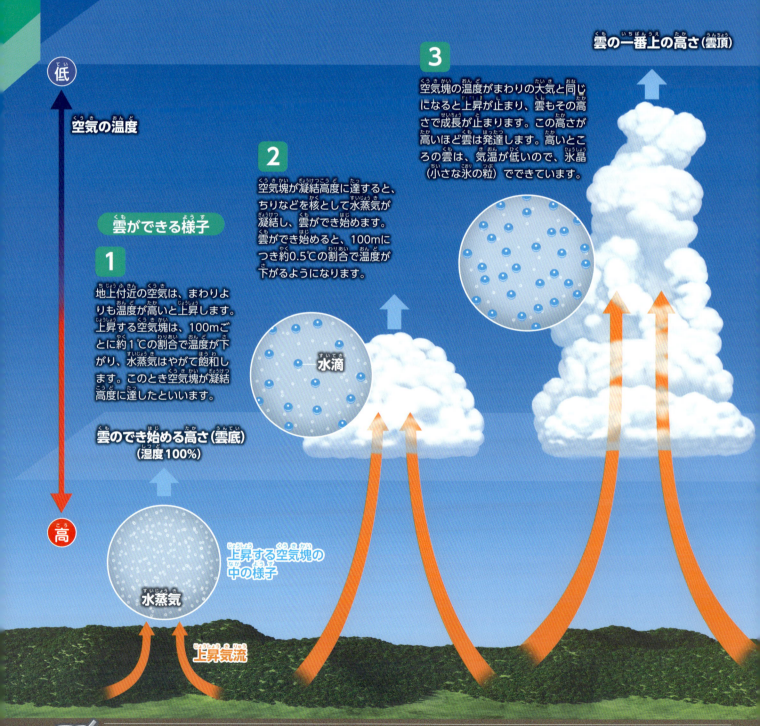

雲ができる様子

1 地上付近の空気は、まわりよりも温度が高いと上昇します。上昇する空気塊は、100mごとに約1℃の割合で温度が下がり、水蒸気はやがて飽和します。このとき空気塊が凝結高度に達したといいます。

2 空気塊が凝結高度に達すると、ちりなどを核として水蒸気が凝結し、雲ができ始めます。雲ができ始めると、100mにつき約0.5℃の割合で温度が下がるようになります。

3 空気塊の温度がまわりの大気と同じになると上昇が止まり、雲もその高さで成長が止まります。この高さが高いほど雲は発達します。高いところの雲は、気温が低いので、氷晶（小さな氷の粒）でできています。

雲の観測では、雲量の他に、地表から雲の最低面である雲底までの高さ、地表から雲の一番高い雲頂までの高さを測定します。

もっと知りたい！

霧も雲のなかま

霧と雲は同じ現象で、霧は大気中の水蒸気が地面付近の冷却によって凝結し、小さな水滴となっているもので、水平視程が1km未満の場合をいいます。水平視程が1〜10kmの場合がもやです。霧は発生のしかたで放射霧、移流霧などに分けられます。

水蒸気が飽和状態になって凝結核があること、さらに大気が安定して風が弱い状態の時に霧が発生します。

雲をつくる上昇気流の種類

地表面付近の空気を上昇させる上昇気流の種類によって雲の種類が変わります。

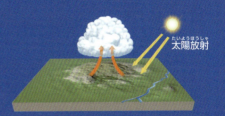

熱の対流による上昇気流

地表面が太陽放射によって強く熱せられると、空気があたためられて軽くなり上昇します。昼間だけに起きる現象です。

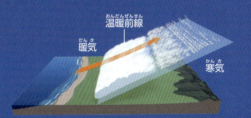

前線による上昇気流

寒気（冷たい空気）と暖気（あたたかい空気）によって前線が発生すると、暖気は寒気の上にのり上げるように上昇します。

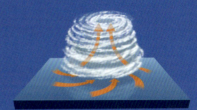

気流の収束による上昇気流

局地的な低気圧ができ、気流が集まるときも上昇気流が発生します。低気圧が発達するほど上昇気流は強くなります。

地形による上昇気流

空気塊が風となって移動し、山に当たるとき、斜面に沿って空気塊が上昇します。山の風上側だけの現象です。

4

上昇気流が弱まると、雲の粒は落下を始めます。雲の粒が小さいときは落下速度が遅いのですが、集まって大きな雨粒となると、落下速度が増し、地面まで蒸発せずに落下します。これにともなって下降流が発生し、雨とともに上空の冷たい空気が地上におりてきます。

視程は、大気の透明度を表します。対象までの距離をあらかじめ測定しておき、それが肉眼で見分けられる最大の距離のことです。

雲の種類

雲にはいろいろな形や性質があり、いくつかの基準で分類されています。

雲の名前と特徴

雲にはさまざまな分類があり、それぞれに名前と特徴があります。10種雲形は類という単位で分類されます。高層雲と乱層雲以外は、類より細かい形状に注目した15の種という分類でさらに分けられます。種のほかにも、変種(雲の厚さやならびかた)や補足雲形(雲の部分的な特徴)によって名前がつけられている雲もあります。

10種雲形

雲は地上から約12kmの高さまでにでき、その形や高さによって、10種雲形と呼ばれる10種類に大きく分けられます。雲の名前に用いられる漢字を見ると、その雲の大まかな特徴がわかります。

巻…上層にできる
高…中層にできる
層…横に広がる
積…かたまりになる
乱…雨をふらせる

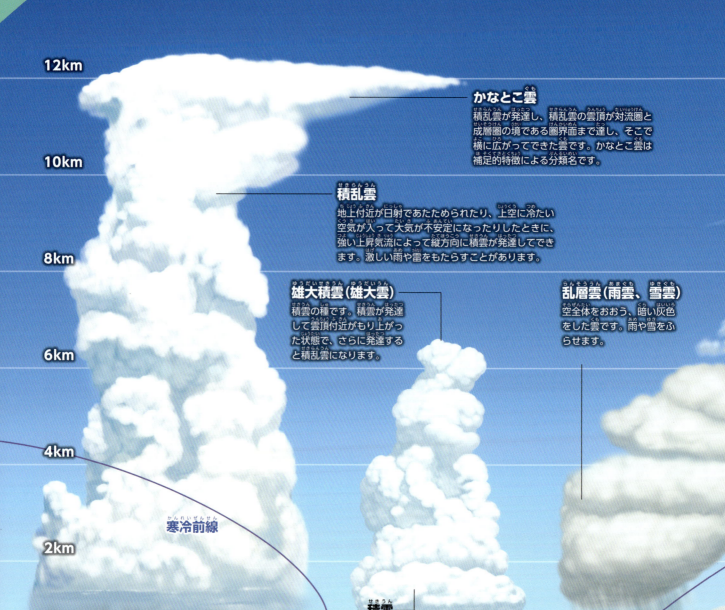

かなとこ雲
積乱雲が発達し、積乱雲の雲頂が対流圏と成層圏の境である圏界面まで達し、そこで横に広がってできた雲です。かなとこ雲は補足的特徴による分類名です。

積乱雲
地上付近が日射であたためられたり、上空に冷たい空気が入って大気が不安定になったりしたときに、強い上昇気流によって縦方向に積雲が発達してできます。激しい雨や雷をもたらすことがあります。

雄大積雲(雄大雲)
積雲の種です。積雲が発達して雲頂付近がもり上がった状態で、さらに発達すると積乱雲になります。

乱層雲(雨雲、雪雲)
空全体をおおう、暗い灰色をした雲です。雨や雪をふらせます。

積雲
晴れた日によくできる綿のような雲です。雲底は平らです。

寒冷前線

現在の雲の分類(10種雲形)は、19世紀の気象学者ルーク・ハワードの分類をもとに、1897年に発行された国際雲図帳からきています。

上層雲（5〜12km前後）

巻雲（すじ雲）

巻層雲（うす雲）

巻積雲（うろこ雲・いわし雲）

下層雲（2km以下）

積乱雲

積雲

層積雲（うね雲・くもり雲）

層雲（霧雲）

中層雲（2〜7km前後）

高積雲（ひつじ雲）

高層雲（おぼろ雲）

乱層雲（雨雲・雪雲）

巻層雲（うす雲）
高い空にある氷の粒からできたうすく広がる雲です。氷の粒に太陽の光があたってハロなどをつくることがあります。

巻雲（すじ雲）
高い空にできる氷の粒が上空の強い風に流されてできる、筋状の雲です。10種雲形の中で、一番高い空でできる雲です。小さな氷が風で流され、はけで描いたようなすじ状になります。

飛行機雲
飛行機の排気ガスにふくまれる水蒸気がこおってできる雲です。

巻積雲（うろこ雲、いわし雲、さば雲）
高いところにある氷の粒がつくる小さな雲片が集まってできる雲です。魚の鱗のような形をしています。高い空にできる、高積雲より小さな雲の集まりです。

高積雲（ひつじ雲）
やや高い空にできる、ヒツジの群れのような雲です。巻積雲よりは大きな雲の集まりで、色も少し暗めです。

レンズ雲
上空の風が強くふいたり、風が山を越えたりした時にできる、凸レンズのような形の雲です。多くは高積雲です。

温暖前線

高層雲（おぼろ雲）
やや高い空にできる、厚く広がる雲です。雨の前兆です。太陽や月がぼんやり見えます。高層雲がさらに厚くなると乱層雲になります。

つるし雲
上空からつるしたように見える雲で、やがて風が強くなるという前兆です。レンズ雲の1種で、高い山を越えた風が上昇される場所によく発生します。ほとんど動かず、まるで上からつられているように見えます。

かさ雲
山の上にレンズ雲ができるとこう呼ばれます。

層積雲（うね雲、くもり雲）
低い空にできる雲で、畑のうねのように細長い雲がならんで見える雲です。

層雲（霧雲）
最も低い位置にできる雲です。霧が上昇して地面からはなれると層雲になります。

霧
雲と同じように、水蒸気が凝結してできます。霧が地面から離れると層雲になります。

雲の変化は大気の変化の反映で、雲の変化から将来の天気をある程度予測できます。このため、昔から雲の観測が重視されてきました。

雨や雪がふるしくみ

雨は雲をつくっている水や氷の粒が集まって落ちてくるものです。水や氷の粒が約800万個集まり、直径2mmくらいになると、落下速度が速くなり、地面まで蒸発しないで落ちてくるのです。すべての雲から雨がふるのではなく、水や氷の粒が短時間に大量に集まって雨粒ができやすい乱層雲のような雲から雨がふります。雨には、中緯度や高緯度の冷たい雨と、熱帯地方のあたたかい雨があります。

あたたかい雨

熱帯地方では、水の粒だけの雲からも雨がふります。水の粒は日中の強い上昇気流でぶつかり合体をくり返し、大きな雨粒となり地表にふります。

雨(冷たい雨)のふり方

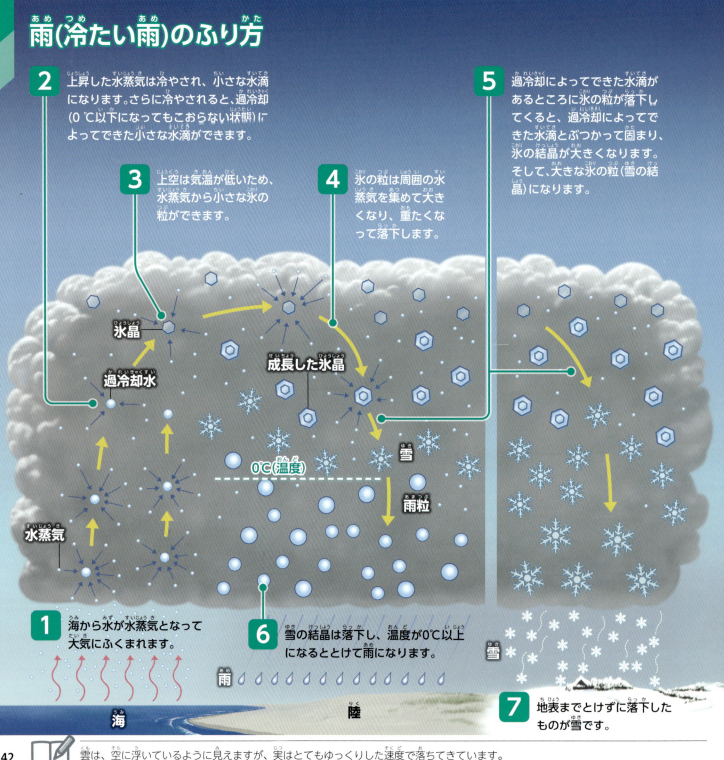

1. 海から水が水蒸気となって大気にふくまれます。
2. 上昇した水蒸気は冷やされ、小さな水滴になります。さらに冷やされると、過冷却(0℃以下になってもこおらない状態)によってできた小さな水滴ができます。
3. 上空は気温が低いため、水蒸気から小さな氷の粒ができます。
4. 氷の粒は周囲の水蒸気を集めて大きくなり、重くなって落下します。
5. 過冷却によってできた水滴があるところに氷の粒が落下してくると、過冷却によってできた水滴とぶつかって固まり、氷の結晶が大きくなります。そして、大きな氷の粒(雪の結晶)になります。
6. 雪の結晶は落下し、温度が0℃以上になるととけて雨になります。
7. 地表までとけずに落下したものが雪です。

雲は、空に浮いているように見えますが、実はとてもゆっくりした速度で落ちてきています。

遠くから見た雲と集中豪雨

集中豪雨は雲全体ではなく、雲の一部からふっています。

あられやひょうがふるしくみ

1 積乱雲の上部では気温が低いため、水蒸気から小さな氷の粒ができます。

2 氷の粒は周囲の水蒸気を集めて大きくなります。

3 落下した氷の粒に過冷却によってできた水滴がつぎつぎに衝突し、それが凍結して成長します。

4 積乱雲の中の強い対流により、上昇・下降をくり返すうちに過冷却した雲粒がつぎつぎに衝突し、それが凍結して成長を続けます。

5 対流が弱くなると、大きく成長した氷の粒が落下します。直径が5mm以上のものがひょう、5mmより小さいものはあられです。

あられ　ひょう

もっと知りたい！ 雨になるか、雪になるか

雪はちりやほこりを核として大気中の水蒸気がこおってできた氷の結晶です。この結晶が地上に落ちてくる途中でとけて水滴になったものは雨となり、とけずにそのまま落ちてきたものは雪となります。温度や湿度の条件により雪になるかがきまり、地上付近の気温が1℃以下だと雪、6℃以上だと雨としてふってきます。

ひょうの落下速度は秒速10m以上で、ゴルフボール大のものは秒速50mにも達し、農作物や家畜に大きな被害を出します。

雪の結晶

雪は空気中の水蒸気が氷の結晶になり、とけずに地表までふってきたものです。雪を拡大して見ると、さまざまな形の結晶でできていることがわかります。雪の結晶はいくつかの要因からその形が決まることがわかっています。

雪の結晶の形

雪は氷晶からできており、その形は、まわりの水蒸気量（過飽和水蒸気量）と気温で決まります。雪の結晶の種類は全部で121種にもおよびます。結晶の形が温度と水蒸気量で決まることを、世界で最初に発見したのは、北海道大学の中谷宇吉郎（1900～1962年）博士です。

雪の成長

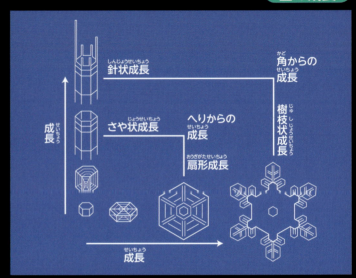

湿度、温度のちがいと結晶の形

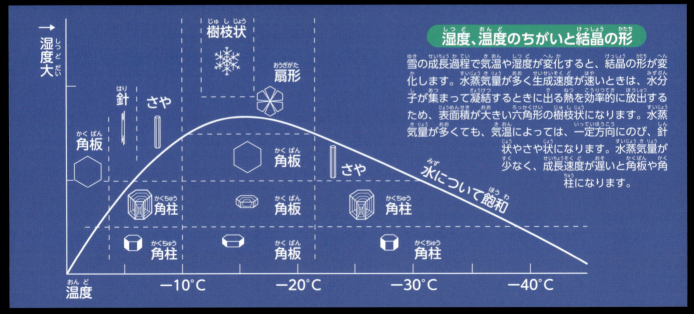

雪の成長過程で気温や湿度が変化すると、結晶の形が変化します。水蒸気量が多く生成速度が速いときは、水分子が集まって凝結するときに出る熱を効率的に放出するため、表面積が大きい六角形の樹枝状になります。水蒸気量が多くても、気温によっては、一定方向にのび、針状やさや状になります。水蒸気量が少なく、成長速度が遅いと角板や角柱になります。

雪の研究をした大名

江戸時代末期に古河藩（現在の茨城県）藩主の土井利位が、顕微鏡で雪の結晶をくわしく観測し、その形の種類をまとめた雪華図説を発行しました。このため、江戸の人びとの間で雪の文様がブームになりました。20世紀になると、雪の結晶の顕微鏡写真から分類が行われるようになりました。

結晶が2つ重なったものです。

雪華図説には、雪の結晶86種類がおさめられています。

本州の日本海側は、世界でも有数の豪雪地帯となっており、平地の都市部でも1～2mの積雪があります。

星状六花結晶

樹枝状六花結晶

さまざまな雪の形

雪の結晶の形はいろいろありますが、基本的には六角形です。これは、水の分子が六角形になりやすい形をしているためで、六角板、星状六花、六角柱、針状の4種類が基本型です。

シダ状六花結晶

扇形付角板状結晶

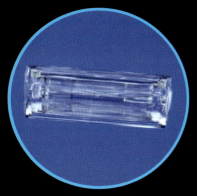
角柱状結晶

針状結晶

角板状結晶

初期結晶

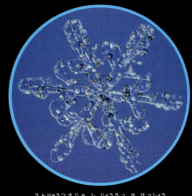
雲粒付樹枝状六花結晶

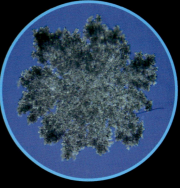
あられ状結晶

北海道でふるのは、ほとんどが乾いてさらさらとした粉雪で、防寒具に雪がついてもはらえば落ちます。

雷

雷は、積乱雲などの雲の中でたまった電気が空気中に流れたものです。放電された電気は、通りやすい場所を流れます。そのため雲からの落雷は下向きだけでなく、横に走ったり、ときには上方向に流れることもあります。そして、建物や木、人体に落ちて被害をもたらすこともあります。雷が近づいてきたら、建物や車の中など、安全な場所に避難することが大切です。安全な建物が近くにない場合は、できるだけ体を低くして身を守ります。

雷の発生

積乱雲の中は、雪の結晶やひょう、あられなどの粒が、激しい上昇気流によって衝突をくり返しています。この衝突によって静電気が起き、積乱雲にたくわえられます。空気は電気を通さないため放電をおさえますが、電気の量が一定以上になると放電をおさえることができなくなり、雷が起きます。

雷の音と距離

雷が通ったまわりの空気は、瞬間的に熱せられて急激にふくらみ振動します。このときに発生するのが雷鳴です。雷鳴が伝わる速さは気温や気圧によって変わり、1気圧で0℃の大気では、1秒間に331mです。一方、光は1秒間に30万kmと、一瞬にして伝わります。このため、雷が光ってから、ゴロゴロと鳴るまでの時間（秒）に、331をかけると、雷までのおよその距離（m）が求められます。

雷の正体を凧で発見！

アメリカ建国の父の一人とされているベンジャミン・フランクリンは、1752年、雷をともなう嵐の中で凧をあげました。
凧の端にライデンびん（静電気をためることのできる装置）をワイヤー（金属のひも）で接続し、雷雲は電気を帯びていると証明する実験を行っています（提案しただけで実験を行わなかったという説もあります）。
この実験は、非常に危険で、同じような実験で死者がでています。

ライデンびん

雷は昔から、地震などとともにこわいものの代表としておそれられ、神の怒りの表現として信仰の対象にもなりました。

雷が発生するしくみ

1 積乱雲の中では雪の結晶やひょう、あられが衝突をくり返して静電気が発生し、より温度が低い粒子がプラスの電気を帯びます。

2 プラスの電気を帯びた粒は雲の上部に、マイナスの電気を帯びた粒は雲の下部に集まり、電気がたまります。

3 一定以上の電気がたまると雲放電や、落雷が起き、雷光（光）と雷鳴をともなって電流が流れます。

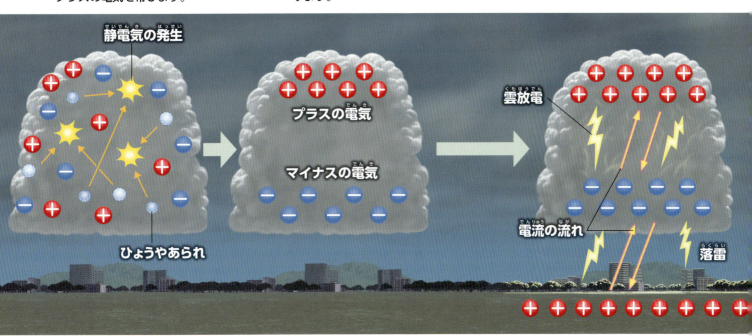

特殊な雷

建物への落雷
ビルの先端には雷を地上に逃がす避雷針と呼ばれる装置がついており、被害を軽減しています。周囲より高い建物には雷が落ちやすいです。

火山雷
火山噴火にともない、噴煙周辺に発生する雷です。火山が噴出する水蒸気や火山灰などが上昇する際、摩擦によって粒子が帯電することで起こる現象だと考えられています。

雲放電
雷には地上に落ちるだけでなく、雲の中や雲と雲の間などで発生する雲放電と呼ばれる現象もあります。

避雷針は電気がとがった部分に集まりやすいことを利用して雷の電気を地面の中に逃がす装置です。雷を避ける装置ではありません。

虹と蜃気楼

大気中の水滴や氷の粒に太陽光が作用すると、虹や蜃気楼といった現象の他、雲に色がついて見える彩雲や、太陽のまわりに光の環ができるハロなどが見られます。ここでは虹と蜃気楼のでき方を紹介します。

主虹の外側に、水滴の中で光が2回屈折してできる副虹が弱く見えることがあります。

副虹
主虹

虹ができるしくみ

太陽の光には、さまざまな波長（光の色）が混ざっています。光は水滴にぶつかると屈折しますが、屈折する角度は光の波長によってことなり、波長の長い光（赤い光）は、波長の短い光（紫の光）より曲がる角度が小さくなります。

雨上がりなどで、太陽と反対側の大気中にたくさんの水滴があると、この水滴で屈折してきたそれぞれの波長の光を見ることができ、波長の長い光である赤から、波長の短い光である紫まで、赤、橙、黄、緑、青、藍、紫と順序よく見えます。これが虹です。

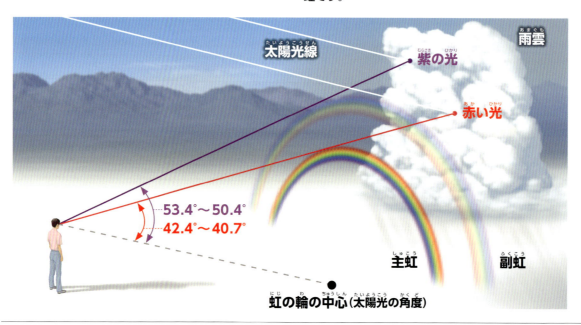

虹は観測点から太陽を背にした一定の角度からでなければ見ることができず、追いかけても虹のふもとにはたどり着けません。

太陽の光による現象

彩雲
太陽の近くにある雲が虹色に色づいて見える現象です。太陽の光が雲にふくまれる水滴でまわりこんで進むことで色が分かれて見えるようになります。

ハロ
太陽や月にうすい雲がかかった際、その周囲に大きな光の輪が現れる現象です。雲内の氷の粒が太陽や月からの光を屈折させることで発生します。

環水平アーク
うすい雲を構成する氷の粒が太陽の光を屈折させることで起こる現象で、太陽の下46°の水平線上の巻層雲に虹色の光の帯が現れます。

幻日
太陽と同じ高さに虹色の短い光の帯が現れる現象です。六角板状の氷の粒に入射した太陽の光が屈折することで発生します。

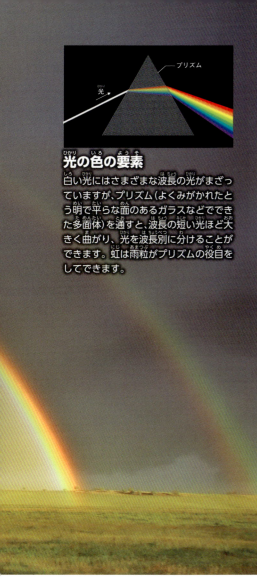

光の色の要素
白い光にはさまざまな波長の光がまざっていますが、プリズム（よくみがかれたとう明で平らな面のあるガラスなどでできた多面体）を通すと、波長の短い光ほど大きく曲がり、光を波長別に分けることができます。虹は雨粒がプリズムの役目をしてできます。

蜃気楼ってなに？

蜃気楼は空気中で光が屈折するために5～20kmはなれた景色が実際とちがって見える現象のことです。

北海道野付半島の上位蜃気楼

上位蜃気楼のしくみ
上位蜃気楼は、冷たい空気とその上のあたたかい空気の間で急に空気密度が変わるときに出現します。上側にのびた虚像（本当は存在しない像）が現れます。

下位蜃気楼のしくみ
光は温度が低い方に曲がるため、下の温度が高いと実際より下に反転した虚像が現れます。下位蜃気楼は、原理的にはアスファルト道路や砂漠などに見られる逃げ水と同じです。

日本では虹の色は赤・橙・黄・緑・青・藍・紫の7色ですが、他の国では6色とされることもあります。

低気圧と高気圧

まわりにくらべて気圧が低いところを低気圧、高いところを高気圧といいます。まわりとの比較なので、1000hPaの高気圧もあれば1020hPaの低気圧もあります。低気圧の中心付近では雲が発生しますが、高気圧の中心付近では雲ができにくく、晴れになります。

上空の偏西風（ジェット気流）
中緯度上空には、偏西風と呼ばれる強い西風がふいており偏西風が波打ったところに低気圧と高気圧ができます。

高気圧
図は背の高い高気圧で、中心付近では空気塊が下降し、下降する空気は気圧の変化のため周囲より高温になっています。また、背の低い高気圧は、地表付近が冷えてできた上空2km程度までのものです。

下降気流
高気圧の中心付近では上層から空気が下降することで雲が消え、晴れています。

ふき出す空気
北半球の場合、高気圧の中心付近で下降気流があり、地上付近では空気塊が高気圧のまわりを時計回りにふき出しています。

風の方向
高気圧と低気圧の風の方向を表した天気図です。風はほぼ等圧線に沿い、風を背にすると左手側に低気圧や気圧の低い場所があります。

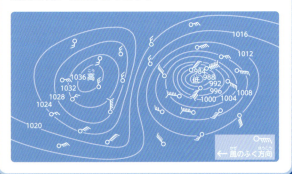

← 風のふく方向

風の発生
風は地球の自転の影響を受け、高気圧や低気圧のまわりを回転しながら、気圧の高いところから低いところに向かってふきます。天気図で見ると、等圧線と風向の交わる角度は、空気と地表との摩擦力が大きいほど大きくなるので、陸上の方が、海上より大きな角度で交わります。また、等圧線の間隔がせまいほど強い風がふきます。高気圧の周辺は、低気圧の周辺のように等圧線が混まず、強い風がふきません。温帯低気圧のエネルギー源は冷たい（重たい）空気があたたかい（軽い）空気の下にもぐり込もうとする位置エネルギーで、温度差が大きい前線上で低気圧が発達し、強い風がふきます。

南半球では、北半球とちがって、風は低気圧のまわりを時計回りにふき込み、高気圧のまわりを反時計回りにふき出しています。

高気圧の種類

大規模な高気圧は背の高い高気圧と背の低い高気圧に分けることができます。背の高い高気圧は、夏の太平洋高気圧や春や秋の移動性高気圧のように、上空で集まった空気が下層からの流出以上に下降してくる高気圧で、地上天気図で高気圧のところは上空でも高気圧です。これに対し、冬のシベリア高気圧のように、地表面付近が冷やされ、冷たい（密度が大きい）空気塊ができて発生した高気圧は、地上天気図では高気圧ですが、上空では低気圧となっており、背の低い高気圧と呼びます。

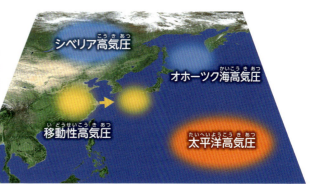

低気圧

低気圧には温帯や寒帯で発生する温帯低気圧と、熱帯で発生する熱帯低気圧があります。単に低気圧という場合は、温帯低気圧を指します。

気圧配置

高気圧、低気圧、前線、気圧の峰、気圧の谷などの位置関係を気圧配置といいます。冬の西高東低の気圧配置（天気図で気圧が西の方が高く東の方が低い）や、夏の南高北低、梅雨時の梅雨型の気圧配置、秋雨時の秋雨型の気圧配置など季節を代表する気圧配置があります。西高東低の気圧配置では、日本海側は雪、太平洋側は晴れるなど、気圧配置からある程度の天気分布が予想できます。このため、特定の気圧配置や低気圧や高気圧の性質から天気の情報がわかります。

上昇気流

温帯低気圧の中心付近では下層でふき込んだ空気が上昇して雲ができ、雨や雪がふります。

ふき込む空気

北半球の場合、地上付近では空気塊が低気圧のまわりを反時計回りに中心に向かってふき込んでいます。

天気図

地図上に天気や気圧、気温、風向・風速などの観測値や、気圧が等しいところを結んだ等圧線などを記入したものを天気図といいます。

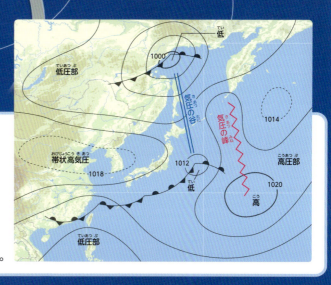

気圧の谷とはまわりより気圧が低いところです。また、気圧の峰は高気圧の中心から伸びている部分です。

気団と前線

気温や湿度が水平方向に長さ1000km以上にわたってほぼ一定である空気塊を気団といいます。また、地上であたたかい気団と冷たい気団のさかいを前線と呼びます。

日本付近の気団

冬は寒帯大陸性気団のシベリア気団、夏は熱帯海洋性気団の小笠原気団におおわれ、春と秋は寒帯海洋性気団のオホーツク海気団の影響を受けます。また、台風の北上にともない、上層まで湿っている海洋性の赤道気団も入ってきます。

シベリア気団は、日本海から熱と水蒸気の補給を受けて変質し、下層が湿った状態となっています。

気団と前線の種類と特徴

気団は発達する場所が熱帯の場合はあたたかく、寒帯の場合は冷たく、大陸の場合は乾燥し、海洋の場合は湿っています。日本は中緯度にあり、広大な大陸と海洋の境目に位置しているので、季節によっていろいろな気団におおわれ、季節の特徴がよく出ます。気団と気団の境目付近では前線ができ、低気圧が発生、発達、消滅しています。前線のうち、位置がほとんど変わらない前線が停滞前線です。停滞前線上に低気圧ができ、発達し始めると、東側には暖気が入って温暖前線に、西側には寒気が入って寒冷前線に変わります。

寒冷前線

寒気が暖気の下にもぐり込んで、暖気をおし上げながら暖気側に移動する前線で、前線通過後に気温が急に下がります。寒冷前線の寒気側の比較的せまい範囲で強風や大雨をもたらします。

閉塞前線とは

閉塞前線は、低気圧が発達し、寒冷前線の移動が速くなって温暖前線に追いついた前線です。寒冷型の閉塞前線（図：「人」の字の形）と、温暖型の閉塞前線（「入」の字の形）があり、日本付近では大陸から寒気が次つぎに流入するので、ほとんどが寒冷型の閉塞前線です。

温暖前線の分岐点を閉塞点といい、強い雨をともなったり新しい低気圧ができることがあります。

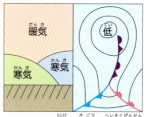

▲紫の記号が閉塞前線

前線と天気の変化

温暖前線通過時には、北〜東風が南風に変わって雨が強まり、気温が上昇するなどの変化が見られます。
また、寒冷前線の通過時には、南風が北風に急変して、比較的せまい範囲で風と雨が強くなり、気温が下がります。雷をともなう場合があります。

巻雲

巻層雲

巻積雲

高積雲

乱層雲

暖気　　寒気

雨

温暖前線

暖気が寒気の上をすべるようにのぼり、寒気をおしのけながら寒気側に進む前線で、前線の通過後に気温が上がります。寒冷前線よりも広い範囲で雨や曇りになります。

温帯低気圧

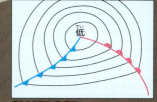

温帯低気圧は前線をともなっていて、中心付近の等圧線が広い範囲で混み、強い風がふきます。

地形と風

地形によってさまざまな種類の風がふきます。風向きは昼夜や気圧、気温、湿度などの条件によって変わります。条件が重なると、高温や降雪を引きおこすことがあります。

この写真のこいのぼりは、海風を受けて陸側に尾がむきます。風が強いと真横、風が弱いとたれ下がります。

海陸風

海陸風（海風と陸風）は、高さ1kmくらいまでの現象です。昼間、陸地があたためられると、陸地の空気の温度が上がり、軽くなった空気は上昇し、海上の冷たい空気が陸地のほうに移動します。陸上の空気は軽くなるため低圧、海上の空気は重いので高圧になることから、風が気圧の高い海から低い陸へふきます。これが海風です。

一方で夜間は、陸地の上空では気温が下がり高圧に、海の上空では気温が上がり低圧となるので、高圧の陸から低圧の海に向かって風がふきます。つまり、夜間は海風とは逆の方向に風がふきます。これを陸風と呼びます。

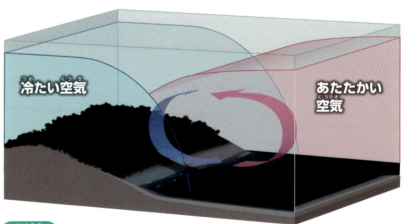

海風
昼は陸地の温度が上がり海面の温度よりも高くなり、冷たい海上の空気が、陸側に向かって移動する海風がふきます。

陸風
夜は陸地の温度が下がり海面の温度よりも低くなります。すると、陸上の冷たい空気が、海側に向かって移動する陸風がふきます。

地面と海面の温度の1日の変化

ある日の例ですが、海面の温度は1日中ほとんど変化せず、地面の温度は時間とともに変化し、その差は約20℃にもなりました。両方の温度が同じ明け方と、夕方のころに、風が一時的にやみます。これを朝凪、夕凪といいます。

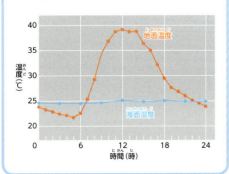

海風は海岸線から40km近くまで陸地にふき込みます。陸風は沖合10km以下までふき込みます。

山谷風

山谷風（山風と谷風）の原因も海陸風と同じです。晴れた日の昼間、日射によって山の斜面の空気があたためられ、谷風が山の斜面をふき上がります。夜は、山風が山の斜面をふきおります。

海陸風や山谷風などは、自転の影響をほとんど受けず、空気は気圧の高いところから低いところへまっすぐに向かいます。

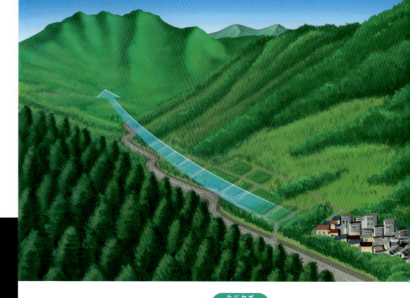

谷風

昼ごろになると、斜面や頂上にある空気は、平地や谷にある空気よりも早くあたためられます。あたたまった空気は軽くなって上昇気流をつくり、谷から山頂に向かって谷風がふきます。

山風

夜になると、斜面や頂上の空気は、平地や谷にある空気よりも早く冷えて重くなります。重くなった空気は谷間に沿ってふき下り、山から谷に向かって山風がふきます。

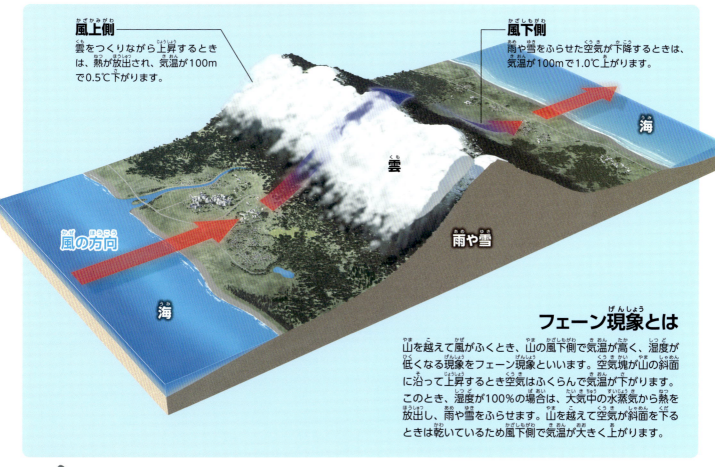

風上側 雲をつくりながら上昇するときは、熱が放出され、気温が100mで0.5℃下がります。

風下側 雨や雪をふらせた空気が下降するときは、気温が100mで1.0℃上がります。

フェーン現象とは

山を越えて風がふくとき、山の風下側で気温が高く、湿度が低くなる現象をフェーン現象といいます。空気塊が山の斜面に沿って上昇するとき空気はふくらんで気温が下がります。このとき、湿度が100％の場合は、大気中の水蒸気から熱を放出し、雨や雪をふらせます。山を越えて空気が斜面を下るときは乾いているため風下側で気温が大きく上がります。

風上側に雨がふらなくても、上空の空気が風下側に温度を上げながら下りてくる場合があり、このときもフェーン現象が起きます。

季節風と局地風

季節風（モンスーン）

季節風は季節によって特有の風向きをもつ風のことでモンスーンともいいます。冬型の気圧配置のときにふく北西の風など規模が大きな風です。季節風がふく地方は、緯度が高くて大きな大陸があるところです。日本をふくむ東アジアから南アジアは世界有数のモンスーン地帯です。インドから東南アジアにかけては、冬は北東の季節風、夏は南西の季節風がふきますが、このうち南西の季節風は高温で多くの水蒸気をふくんでおり、ヒマラヤ山脈にあたって上昇し多量の雨をもたらします。このため、モンスーンが雨季を示す言葉として使われることがあります。

夏のアジアモンスーン

大陸は海洋よりあたたまりやすく、冷めやすい性質があります。夏は大陸のほうが海洋よりもあたたまって大陸に大きな低気圧ができ、風がふき込みます。このとき、地球の自転の影響で、風向きが少し曲げられます。

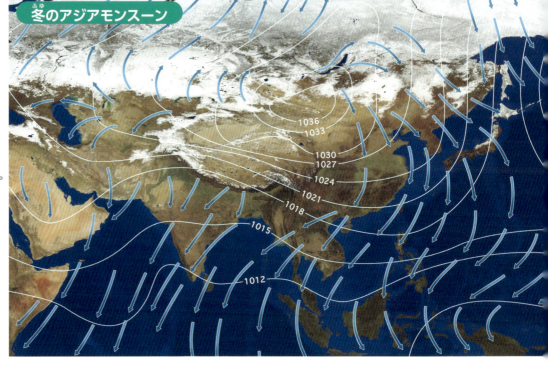

冬のアジアモンスーン

冬は大陸の方が海洋より冷えやすいので、大陸上に大きな高気圧ができ、ここから風がふき出します。地球の自転の影響で、風向きが少し曲げられます。

局地風がふくと気温が高くなる現象をフェーン、気温が低くなる現象をボラといい、ともにヨーロッパの局地風の名前からきています。

日本列島付近の季節風

日本のほとんどの地方では、夏は南よりの季節風、冬は北西の季節風がふきます。南西諸島では、夏は南東、冬は北東の季節風がふきます。

夏の季節風
ほとんどの地方では、太平洋高気圧により南よりの季節風がふきます。

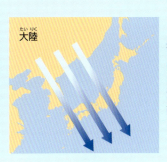

冬の季節風
ほとんどの地方では、シベリア高気圧により北西の季節風がふきます。

局地風―おろしとだし

地形の影響で局地的に強い風がふくことがあり、主におろしとだしに分けられます。多くは、台風や低気圧により広い範囲で強い風がふいているときに、山岳の影響で特に風が強まるものですが、春や秋の移動性高気圧におおわれて風が弱いときにふくものもあります。

主な局地風
日本各地には、その土地の名前がついた局地風があります。そのほとんどは山から海岸平野に向かう風です。局地風の中には強風被害をもたらすものもあります。やまじ風や広戸風など、おろしやだしという言葉がついていない局地風もあります。

おろし
局地風のうち、山からふきおりてくる強風のことです。大気が不安定なときは、上空の寒気を引きおろして強風となります。

だし
局地風のうち、細長い峡谷の開口部で、平野や海上に向かってふき出してくる強い風のことです。

天気図記号

その地域の天気を表す天気図記号（天気を表す記号）があります。風力を表す部分を矢羽といい、風のふいてくる方向とふく風の強さを表します。

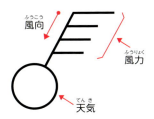

風向は風がふいてくる方向で、ふつう16方位で表します。この図は快晴で北北東の風、矢羽が4本なので風力4です。

天気記号（例）

 快晴　 晴れ　 くもり　 雨　 雪　 霧　 あられ　 ひょう　 みぞれ　 雷

風力階級と記号	開けた場所の地上10mでの相当風速（m／秒）	陸上の様子
0	0.3未満	けむりがまっすぐにのぼる。静か。
1	0.3～1.6未満	けむりがなびくことで、やっと風向がわかる。
2	1.6～3.4未満	顔に風を感じる。木の葉が動く。
3	3.4～5.5未満	木の葉や細い枝がたえず動く。軽い旗が開く。
4	5.5～8.0未満	砂ぼこりが立ち、紙がまい上がる。木の小枝が動く。
5	8.0～10.8未満	葉のついた木がゆれ始める。池や沼の水面に波頭が立つ。
6	10.8～13.9未満	木の大枝が動く。電線が鳴る。かさがさしにくい。
7	13.9～17.2未満	木全体がゆれる。風に向かうと歩きにくい。
8	17.2～20.8未満	木の小枝が折れる。風に向かうと歩けない。
9	20.8～24.5未満	人家のえんとつが倒れたり、かわらがはずれたりする。
10	24.5～28.5未満	木が根こそぎに倒れ、人家に損害が起きる。
11	28.5～32.7未満	町全体にわたり、大破壊が起きる。
12	32.7以上	被害がじん大になる。

やまじ風、広戸風、清川だしは、日本の三大悪風と呼ばれています。

台風

熱帯地方に発生する低気圧のうち、北西太平洋に発生し、中心付近の最大風速が秒速17.2m以上の強い風をともなうものが台風です。世界にはいくつかの発生海域があり、日本の南海上は世界で最も発生数の多い海域です。

台風の目

台風をつくるエネルギー

台風は、海面水温が高く(26℃以上)、水蒸気が豊富な熱帯の海上で、水蒸気が水に変わるときに発生する熱(潜熱)をエネルギー源として発生します。台風は、移動する際に海面や地面との摩擦によりたえずエネルギーを失っており、熱エネルギーがなくなれば、数日で消滅します。また、日本付近で寒気が流れこみ、温帯低気圧に変わって再発達することもあります。台風の等圧線は同心円状となり、その間隔は中心に近いほどせまくなり、特に中心付近では風が強くなります。

台風の名前と進路予報

台風は、日本をふくむ14の国と地域から10個ずつ提案された140個の名簿をもとに、名前がつけられています。日本の提案はテンビン、ヤギなど10の星座の名前です。台風の進路予報は、5日先までの台風位置を示す点線の予報円や、予報期間の暴風警戒域全体を囲む実線などで図示されます。暴風域は、平均風速で秒速25m以上の風がふいていると考えられる範囲です。

日本は台風に関するさまざまな解析や予報のための資料を、東アジアの各国にリアルタイムで提供しています。

日本の南海上で発生した台風は気圧の影響などを受けて進路を変えます。

台風・ハリケーン・サイクロン

熱帯低気圧の発生地域

台風・ハリケーン・サイクロンの発生場所

最大風速が秒速32.7m以上の熱帯低気圧は、発生海域により名前がちがいます。台風並に発達した熱帯低気圧は、南アメリカ大陸の東西海上以外の熱帯の海上で発生しています。台風の定義と同じ、中心付近の最大風速が秒速17.2m以上となる熱帯低気圧は、1年間に80〜85個発生しています。

2005年にアメリカをおそったハリケーン・カトリーナは多数の死傷者を発生させ、河川の氾濫や住宅の倒壊などじん大な被害をもたらしました。写真は浸水したニュージャージー州の住宅街の様子です。

熱帯低気圧の最大風速による分類

最大風力	英語	日本語
秒速17.1m以下（風力7以下）	TD （Tropical Depression）	熱帯低気圧
秒速17.2〜24.4m（風力8、9）	TS （Tropical Storm）	台風
秒速24.5〜32.6m（風力10、11）	STS （Severe Tropical Storm）	台風
秒速32.7m以上（風力12）	T （Typhoon）北西太平洋 H （Hurricane）北大西洋、北東太平洋 C （Cyclone）インド洋、南西太平洋	台風

 渦巻きが逆になる

熱帯低気圧だけでなく、温帯低気圧も、北半球では反時計回り、南半球では時計回りに空気がふき込んでいます。また、高気圧も、北半球では時計回り、南半球では反時計回りに空気がふき出しています。これはコリオリの力の影響です。赤道付近ではコリオリの力の影響がほとんどなく、渦を巻きませんが、赤道からはなれるとコリオリの力の影響を受けるようになり、両半球で逆の渦巻きができます。

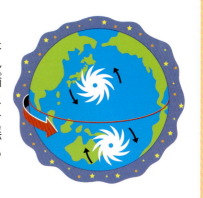

発達している台風の目は、小さくて、はっきりした円形です。また、帯状降雨帯が長く、幅が広いほど発達した台風です。

台風のつくり

台風は中心に目があり、そのまわりを非常に発達した積乱雲が壁のように取り囲んでいます。そこでは大量の水蒸気が水に変わっていて、このときに発生した熱をエネルギーに、より強い上昇気流がつくられています。ふき込む風が強いほど大量の水蒸気が集まり、大量の熱と水が発生します。このため、雲の壁の下では、特に強い雨と風が観測されます。

雲の壁の外側には、水蒸気が中心部に向かって流入した内側降雨帯と呼ばれるやや幅の広い帯状の雲（雲バンド）ができ、激しい雨が連続的にふります。さらに中心から200〜600km付近には、帯状の外側降雨帯があり、断続的に激しいにわか雨や雷雨となります。

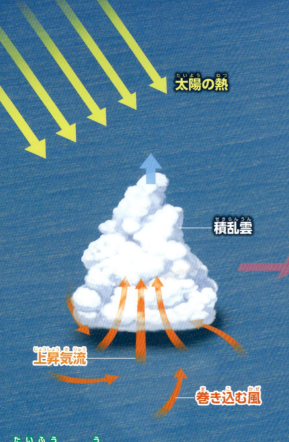

台風が生まれるしくみ

1 海面水温が高い熱帯の海上では上昇気流ができ、この上昇気流によってつぎつぎに積乱雲が発生します。積乱雲は偏東風により西に進みながら多くがまとまって渦をつくり始め、渦の中心付近で気圧が下がります。熱帯低気圧の発生です。

2 熱帯低気圧の中心付近で風が強まり、最大風速が秒速17.2m以上になると台風と呼ばれます。台風はあたたかい海面から豊富な水蒸気を取り込み、中心気圧は大きく下がり、中心付近の風速も急激に強くなり、風が強い範囲が広がります。

 日本付近に前線が停滞していると、台風とともに暖湿気流が流れ込み、前線付近でも大雨となるので、広い範囲で多量の雨がふります。

台風の進路と高気圧

台風は熱帯の海上で発生したあと、偏東風にのって北北西に進みながら発達します。上層の風が弱い場所ではゆっくり北上し、偏西風帯まで北上すると北東に進みます。
冬は台風の発生が低緯度で、シベリア高気圧が強いこともあって北上しませんが、夏になると台風の発生緯度が高くなり、太平洋高気圧をまわるように北上します。

夏の台風の経路
夏の台風は、太平洋高気圧の周囲を北上します。

冬の台風の経路
冬の台風は、シベリア高気圧により北上しません。

台風の目
台風の中心付近の直径約10kmは台風の目といわれ、非常に発達した積乱雲で囲まれた風の弱い晴天域となっています。

アイウォール
非常に発達した積乱雲が台風の目をとりまいている壁をつくっています。

下降気流

雲は成層圏まで上昇できないので、圏界面の高さで、ふき出ます。

雲の出る方向
台風の上空では、上層雲が中心付近から周囲に向かってふき出ています。

台風の最後

台風が日本付近にくると、海から取り込む水蒸気がへり、北からの寒気の影響を受け始めます。中心付近の最大風速が秒速17.2m未満の熱帯低気圧になったり、寒気と暖気の境目である前線をともなう温帯低気圧に変わります。

3 台風の勢力が最も強い期間です。台風の目のまわりの雲の下では猛烈な暴風雨となります。また、この図より外側には、やや幅の広い内側降雨帯があり、ここでも激しい雨が連続してふります。さらに外側に帯状の外側降雨帯があります。

 台風が最盛期を過ぎると中心付近の最大風速は弱まり始めますが、強い風の範囲は広がります。

竜巻

竜巻は主に積乱雲の底からたれ下がる雲をともなう激しい空気の渦巻のことです。樹木や建物を根こそぎ破壊し、いろいろなものを数百kmも運ぶことがあります。陸上でも海上でも発生します。

アメリカ中南部では、住居があと形もなくふき飛ぶほどの竜巻が起きます。ロッキー山脈が南北につらなり、極地方からの寒気と熱帯の暖気がぶつかるからです。

竜巻の発生

竜巻は寒気と暖気が衝突する寒冷前線付近や台風前面にできるいくつかの積乱雲の中で発生します。寒冷前線付近で強い寒気が暖気をおし上げたり、台風の前面であたたかくて湿った水蒸気が多量に水に変わることで熱を発生し、激しい上昇気流が起こると、竜巻のもととなる積乱雲が発生します。積乱雲の中では、激しい上昇気流によって、上層は急に冷え、複雑な下降気流も発生します。下降気流が地上に達すると、寒気におしもどされるため、暖気の激しい上昇気流を巻きこんで渦巻状の上昇気流がしょうじ、これが発達して竜巻となります。

1 寒気が暖気の下にもぐりこむと、上昇気流が発生して積雲ができます。

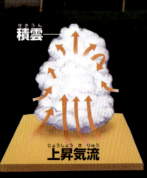
上昇気流

2 いくつかの積雲がいっしょになり、さらに発達し積乱雲になります。

積乱雲／突風前線

日本の竜巻は太平洋沿岸部で発生することが多いですが、関東平野や筑紫平野などの平野部でも見られます。

竜巻を測る

激しい突風をもたらす竜巻などの現象は風速計による測定が困難です。そこで、1971年に藤田哲也博士により、建物などの被害調査から風速を大まかに推定する藤田スケール（Ｆスケール）が考案されました。日本では2016年からＦスケールを改良した「日本版改良藤田スケール（JEFスケール）」が使われています。

スケール	風速(約3秒間の平均)	被害
JEF0	25〜38m/s	飛散物により窓ガラスが割れ、物置や自動販売機が横転する。樹木の枝や幹が折れたりする。
JEF1	39〜52m/s	小型の自動車が横転する。道路交通標識の支柱が傾き、コンクリートブロック塀が倒れる。
JEF2	53〜66m/s	大型自動車が横転する。鉄筋コンクリート製の電柱が折れ、墓石が倒れたり、ずれたりする。
JEF3	67〜80m/s	木造住宅が倒壊し、倉庫などの壁材やアスファルトがはがれる。
JEF4	81〜94m/s	工場や倉庫の屋根が飛ばされる。
JEF5	95m/s〜	風圧によってベランダなどの手すりが大きく変形したり、落下する。

3 発達する積乱雲の中では、上昇気流とともに上層で冷やされた空気の下降気流や激しい雨が発生しています。積乱雲の中に渦巻状の上昇気流が発生します。

4 とてもせまい部分に激しい上昇気流が集中してくると、渦巻状の上昇気流がうまれ、竜巻が発生します。

日本の竜巻は、多くは台風と関係し、9月に一番多く発生しますが、寒冷前線や低気圧にともなってそれ以外のときでも発生します。

台風、竜巻の被害

台風

台風が上陸すると、大雨や暴風によって、洪水、土砂くずれ、高波、高潮などが発生します。大きさと進路の予測を見て早めの避難や対策を行い、被害を最小限にすることが大切です。

川の氾濫
写真は2019年の台風19号で越辺川や大谷川が氾濫した埼玉県川越市の様子です。

土砂くずれ
大雨で大量の水が土にしずみ込むことで地面がくずれます。写真は2017年に発生した台風21号で被害が出た和歌山県紀の川市の様子です。

高潮
高潮は、台風などの発達した低気圧の影響で海岸付近の海面が上昇する現象です。海水が堤防を破壊すると大きな被害になります。写真は1959年の伊勢湾台風のものです。

建物の倒壊やライフラインの停止
台風の暴風により建物や電柱の倒壊、洪水被害などで電気、水道が使えなくなったりするなど、ライフラインが停止することがあります。2019年9月の台風15号では、暴風により千葉県のゴルフ練習場の鉄柱が倒れ、近くの民家21棟に被害が出ました。

高潮の発生時に高波が重なると、海面がさらに高くなります。台風時に海岸に近寄ることは非常に危険です。

台風名（上陸、最接近年月日）	被害
室戸台風 （1934年9月21日）	高知県に上陸して北上。大阪府の大阪湾で4mを超す高潮を引き起こし、全体で9万戸以上の家屋が全壊、2702人の死者、334人の行方不明者が出ました。
枕崎台風 （1945年9月17日）	鹿児島県枕崎市に上陸し、四国、近畿、北陸、東北地方を北上し各地に被害を出しました。2473人の死者、1283人の行方不明者が出ました。
カスリーン台風 （1947年9月15日）	利根川と荒川の堤防が決壊し、群馬県や栃木県で大きな被害が出ました。1077人の死者、853人の行方不明者が出ました。
洞爺丸台風 （1954年9月26日）	北海道で秒速30m以上の暴風となり、海上にいた青函連絡船5隻が遭難。洞爺丸では1139人がなくなり、全体では1361人の死者、400人の行方不明者が出ました。
狩野川台風 （1958年9月26日）	関東、東海に大雨がふり、静岡県の伊豆半島を流れる狩野川に流れ込みました。狩野川の氾濫で888人の死者、381人の行方不明者が出ました。
伊勢湾台風 （1959年9月26日）	大規模な高潮などで特に和歌山県、奈良県、三重県、愛知県、岐阜県に大きな被害をもたらし、全国で4697人の死者、401人の行方不明者が出ました。

日本に大きな被害を与えた主な台風。室戸台風、枕崎台風、伊勢湾台風は特に大きな被害を出したため、昭和の3大台風とも呼ばれます。

2021年12月16日、フィリピンにスーパー台風「ライ」（令和3年台風22号）が直撃し、410人以上の死者、約42万7000戸の倒壊家屋が出ました。

竜巻

急速に発達する積乱雲の下に発生する竜巻は予測が難しく、また、通り過ぎるのも一瞬です。竜巻注意報が発表されたら、空の様子の変化などに注意し、ただちにじょうぶな建物内などに避難します。

1974年4月、アメリカで148個の竜巻がつぎつぎに発生し、315人の犠牲者を出しました。

アメリカでの様子。竜巻の強風は車も巻き上げてしまいます。

発生年月日、場所	被害
1999年9月24日 愛知県豊橋市	負傷者415名、全壊40棟、半壊309棟
2006年9月17日 宮崎県延岡市	死者3名、負傷者143名、全壊79棟、半壊348棟
2006年11月7日 北海道佐呂間町	死者9名、負傷者31名、全壊7棟、半壊7棟
2012年5月6日 茨城県常総市、つくば市	死者1名、負傷者37名、全壊76棟、半壊158棟
2013年9月2日 埼玉県さいたま市、越谷市、松伏町、千葉県野田市、茨城県坂東市	負傷者76名、全壊32棟、半壊215棟

日本で発生した主な竜巻。上の写真は2012年に茨城県つくば市で発生した竜巻による建物倒壊の様子です。竜巻が通った場所の建物だけ破壊されています。

最大風速が秒速約65m以上の非常に強い台風をスーパー台風と呼びます。

大地に広がる絶景

世界各地には風や雨水、川などの作用によってうみ出された雄大な風景が見られます。中には数千万年以上の時間をかけて形成されたものもあり、地球の歴史と自然の壮大さを感じ取ることができます。

悠久の赤い大地
ナミブ砂漠（ナミビア）

ナミビアの大西洋側に位置する巨大な砂漠です。風紋と呼ばれる風の作用でできた波のような模様が広がっています。赤っぽい砂の色は酸化鉄によるものです。

南アメリカ最南端の氷の大地
ペリト・モレノ氷河（アルゼンチン）

全長約35km、面積約250km²をほこるペリト・モレノ氷河はまさしく氷の大地です。気泡が少ない青い氷が美しい景色をつくり出しています。温暖化の影響を受けにくく、年間を通して大きさがほぼ変わりません。

氷河の洞窟
スーパーブルー
（アイスランド）

氷河の中には洞窟がつくり出されることがあります。最も有名なヴァトナヨークトル氷河のスーパーブルーは毎年洞窟ができる場所も大きさもことなるうえ、夏にはとけてしまうため限られた期間にしか見られない奇跡の絶景です。

自ら移動する岩
セーリング・ストーン
（アメリカ）

カルフォルニア州のデスヴァレー国立公園では、セーリング・ストーンと呼ばれる自然に移動する石が観察できます。長年このメカニズムは謎に包まれていましたが、近年の研究で氷と風の作用によるものという説が唱えられました。

純白の大地
ホワイト・サンズ
（アメリカ）

標高約1,200mに位置する白く巨大な砂丘地帯です。雨や雪どけ水にとけた石こうが平野に堆積することでつくられました。青い空と地平線まで広がる白い大地のコントラストを楽しめます。

砂漠に現れた巨大な目
サハラの目（モーリタニア）

幅50kmにもなる、たくさんの円が重なって見える地形です。長年の風化・侵食作用と隆起運動によりこの構造がつくられました。発見当初は隕石が落ちてできたクレーターだと考えられていました。

気候

数十年単位の大気の状態を気候と呼びます。地球上は、森が広がり雨が多くふる熱帯雨林気候や、一年を通して氷で閉ざされた氷雪気候、雨がほとんどふらない砂漠気候などのさまざまな気候区分に分けられています。

北極海の海氷
寒帯のうち、最もあたたかい月の平均気温が0℃以下の気候を氷雪気候と呼びます。氷雪気候は南極と北極にしか存在しません。これらの地域では厳しい寒さや、食料の少ない過酷な環境に適応した生物がくらしています。

ボルネオ島の熱帯雨林（マレーシア）
赤道付近に分布する熱帯雨林気候は一年中気温と湿度が高く、スコールと呼ばれる激しい雨がふります。この気候の地域では熱帯雨林という常緑広葉樹の森が広がっており、最も高い木は30〜50mほどにもなります。

太陽のエネルギーと地球

地球には、太陽からのエネルギーが、光としてとどきます。このエネルギーは、地球の大気に作用してさまざまな気象現象を起こします。植物が光合成を行う際にも光エネルギーが使われています。植物が光合成によってつくり出す酸素や炭水化物を利用している生き物はすべて、太陽からのエネルギーがないと生きていけません。

100
太陽からとどく
エネルギー（100）

20
大気や雲による吸収

49
地球表面で吸収

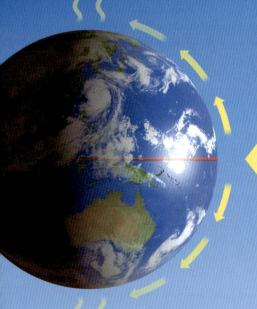

太陽

? なぜ?どうして? 太陽からのエネルギーの移動

低緯度地方では、太陽から受ける熱の方が地球が放出する熱より多いので熱がたまって暑くなりやすいです。反対に高緯度地方では、地球が放出する熱のほうが多く冷たくなりやすくなります。熱の移動は大気の運動やそれによって引き起こされた海流や運ばれた水蒸気によって行われ、低緯度地方から高緯度地方へ移動します。熱の移動のほとんどは大気循環によるものです。

太陽から受ける熱量と、宇宙空間に放出している熱量は、地球全体としてはつり合っています。

太陽から受けるエネルギーと出るエネルギー

太陽が放射する光の波長と地球から放射する光の波長はことなりますが、熱量（エネルギー量）で見るとつり合っています。地球は、太陽から受け取った熱量と同じ量の熱量を宇宙に放出しています。

大気圏外

31

57

22 雲などによる反射

20 大気や雲からの放出

12 宇宙に放出

7 大気に吸収

7 空気の上昇（対流）や地表から大気に伝わる

19 地表面から放出

9 地表からの反射

23 水の潜熱の放出
水は熱により水蒸気になります。水蒸気が水滴などになるときには熱を放出します。

バランスが保たれている地球の温度

この図は、地球の平均的なエネルギーのやりとりを示したものです。太陽からとどくエネルギーは大気と海水の運動によって移動し、とどいた量と同じ量だけ、宇宙に放出されています。このため、地球全体があたたまったり、冷えたりすることはありません。

 地球内部にある熱は、地球誕生時の小天体の衝突による熱の残りと、放射性元素の自然崩壊で発生している熱などです。

世界の気候

数十年単位の気象の状態である気候に注目すると、世界の地域によって気候に特徴があることがわかります。地球上の気候を、共通の特徴で分類したものを気候区分といいます。有名なものに、20世紀初めにドイツの気候学者ケッペンが提案した気候区分があります。

世界の気候区分の分類

ケッペンは、植物が生育する地方を、温度によって「熱帯気候」「温帯気候」「冷帯気候」に分けました。さらに、一年中多雨である、夏に雨が多い、冬に雨が多いなどの特徴で細分しました。

熱帯気候A
- Af 熱帯雨林気候
- Am 熱帯モンスーン気候
- Aw サバナ気候

乾燥帯気候B
- BW 砂漠気候
- BS ステップ気候

温帯気候C
- Cfa 温暖湿潤気候
- Cfb.c 西岸海洋性気候
- Cs 地中海性気候
- Cw 温帯冬季少雨気候

冷帯気候D
- Df 冷帯湿潤気候
- Dw 冷帯冬季少雨気候

寒帯気候E
- ET ツンドラ気候
- EF 氷雪気候
- H 高山気候

さまざまな原因による気候

さまざまな気候が生まれる原因のひとつが、地球の自転軸が約23.4°傾いていることです。さらに高度、場所、風の温度や湿度、海流、植生など、さまざまな原因によって気候が定まります。

ふつう、赤道地方は平均気温が高く、高緯度地方は平均気温が低いですが、同じ緯度でも、大陸の東に位置する場合は、西側にくらべ、夏はより暑く、冬はより寒くなります。ユーラシア大陸の西側にあるイギリスは、東側にある日本より高緯度にありますが、冬は日本ほど寒くなりません。大陸地方のほうが海岸地方より夏と冬の気温差は大きく、高緯度地方のほうが低緯度地方より大きくなります。

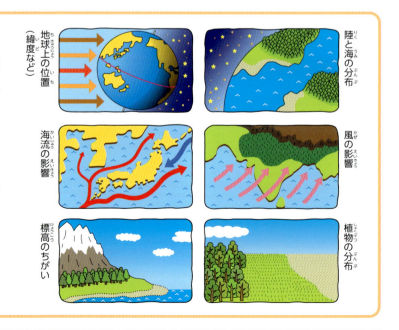

標高が高いところに分布する高山気候は海流の影響を受けにくいです。

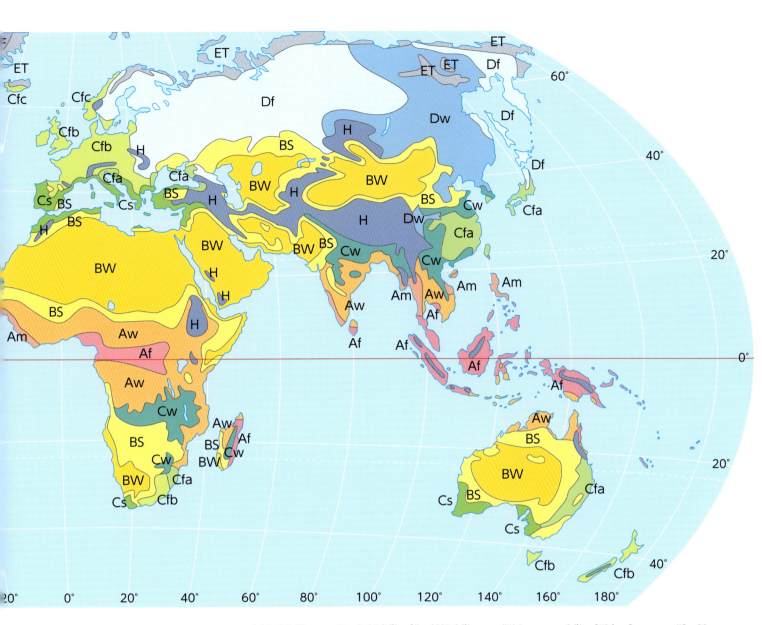

気団の影響

中緯度地方では、夏は熱帯気団、冬は寒帯気団という性質がちがう気団の影響を受けます。春と秋は2つの気団の境目にあたるため、低気圧や高気圧がつぎつぎに通り、四季があります。1年を通して寒帯気団の影響を受ける高緯度地方は、夏と冬で大きな気温差があり、1年を通して熱帯気団の影響を受ける熱帯地方には、乾季と雨季があります。

季節のちがいと日照時間

地球は24時間ほどで自転し、それが1日となります。自転軸は地球が太陽のまわりを回る軌道に対して約23.4°傾いています。そのため、夏至のころは北緯23.4°の地域まで太陽が真上を通るので、日本最南端の沖ノ鳥島（北緯20.4°）は、太陽がほぼ真上を通ります。北半球では、夏至のころが昼の時間が一番長く、日本付近では約14時間です。そのとき、北緯66.6°以北では、一日中太陽がしずまない白夜となります。反対に、冬至になると最も昼の時間が短くなり日本付近では約10時間しかありません。

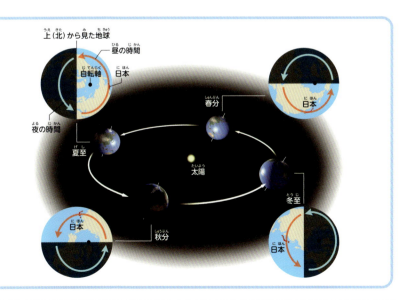

春分と秋分のときは昼夜がほぼ同じ長さになります。

熱帯・温帯・冷帯・寒帯

熱帯の特徴

熱帯は赤道に近い地域の気候帯で、1年中平均気温が高く、最も寒い月でも15℃以上あります。年間の気温差は小さいですが、昼と夜の気温差が大きく、昼間は暑く、夜はすずしくなります。

熱帯雨林気候

強烈な日差しを受け、1年を通して雨がよくふる南米のアマゾン川流域には、多種類の常緑広葉樹が生い茂り、熱帯雨林と呼ばれる密林が広がっています。

サバナ気候

ブラジル高原やアフリカの草原など、雨季と乾季がはっきりしている気候帯です。乾季が長いために乾燥に強い樹木しか育ちませんが、サバナと呼ばれる草原が広がります。

温暖湿潤気候

日本などの東部アジアや、北アメリカ東部などは温帯の中でも特に四季の区別がはっきりしています。

温帯の特徴

温帯は、赤道をはさんだ中緯度帯に分布する気候帯です。四季の変化がはっきりして、天気も変わりやすいのが特徴です。さまざまな樹木が生い茂ります。温帯は、主に雨のふり方によって夏に雨が多い温暖湿潤気候、冬に雨が多い地中海性気候、1年中雨が多い西岸海洋性気候の3つに分けられています。

紅葉した落葉樹林

温帯では、ブナなどの落葉広葉樹やシイなどの常緑広葉樹、オリーブなどの硬葉樹などが生い茂ります。落葉広葉樹は、秋になると紅葉します。

熱帯の夜は気温が下がるので、日本でいう熱帯夜のような寝苦しい夜にはなりません。熱帯夜という呼び方は日本独特のものです。

冷帯の特徴

冷帯（亜寒帯）は、最もあたたかい月の平均気温が10℃を超え、寒さに強い針葉樹林を中心とした森林が広がっています。

冷帯湿潤気候

シベリア西部やカナダ南部、アメリカ北部は、冷帯の中でも夏が少し長くてあたたかく、雨が多いことから冷帯湿潤気候と呼ばれます。針葉樹林に混ざって広葉樹も見られることから、混合林気候と呼ぶこともあります。

寒帯の特徴

1年中、大地が厚い氷や雪でおおわれているのが寒帯です。冬の気温が－40℃になるところもあり、夏でも10℃以下なので樹木はほとんど育ちません。寒帯のなかでも、南極や北極、グリーンランドの内陸部といった、より寒い地域を氷雪気候といいます。最もあたたかい月の平均気温は0℃以下です。寒帯の中で、少しだけあたたかいのがツンドラ気候です。

ツンドラ気候

シベリア北部、カナダ北部、グリーンランド沿岸部では、最もあたたかい月の平均気温が0〜10℃で、氷や雪の表面がとけて湿地になります。コケや低木が育ち、渡り鳥や野生の動物がたくさん生息しています。

針葉樹林が寒さに強いのは、葉が細く針のようになっているためです。広い葉にくらべて熱を失いにくく、雪も積もりにくいです。

日本列島の気候

日本列島は南北に長いため、亜寒帯（北海道）から亜熱帯（南西諸島）までさまざまな気候があり、気候区は6つに分けられています。また、高い山やまが連なる山脈があり、その山脈を境に、日本海側と太平洋側では気候がことなり、山脈で囲まれた内陸と、海岸地域でも気候にちがいが見られます。

日本列島周辺の海流

黒潮は、水温も高い暖流で、本流は西日本の南岸を流れ、房総半島沖から東に向かいます。北海道の太平洋側から寒流の親潮が南下し、黒潮との間で潮境をつくります。

黒潮が南に大きく蛇行する黒潮大蛇行が発生すると、太平洋側の地域の気候や海の生態系に影響が出ます。

1 北海道気候区

中央部に大雪山系があり、太平洋、日本海、オホーツク海という3つの海に囲まれているため、地域によって気候に差があります。夏は太平洋高気圧におおわれ暑い日もありますが、すずしい日も多くて盛夏の季節がわかりにくく、冬が寒い亜寒帯の気候です。夏と冬の温度差は大きく、一般的な梅雨がありません。

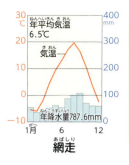

年平均気温 6.5℃ / 年降水量 787.6mm / 網走

オホーツク海南部は、世界で一番低緯度のこおる海です。アムール川などから多量の真水が流れ込み、海水表面の塩分濃度が低いためです。

2 日本海側気候区

秋から冬にかけて、北西の季節風が日本海をわたるときに、日本海から熱と水蒸気を受け取るので、曇りや雪の日が多く、山沿いは豪雪地帯になっています。梅雨期は降水量が多いですが、真夏は太平洋高気圧におおわれて晴れた日が多く、南西の季節風が山脈を越えるフェーン現象で暑くなることもあります。

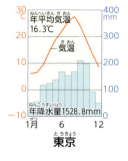

年平均気温 13.9℃ / 年降水量 1821.0mm / 新潟

冬にふく北西からの季節風は大量の雪をふらせます。春になると積もった雪は雪どけ水となり、新潟県などの稲作を支えています。

3 太平洋側気候区

夏は太平洋高気圧におおわれ、南東からの季節風の影響で雨が多くむし暑くなります。東日本から西日本では近海を暖流が流れているため、四季を通じて温暖になります。冬は北西からの季節風がふきますが、日本海側の地方に雪をふらせたあとなので、山越しの冷たいかわいた風となり、晴れが多くなります。

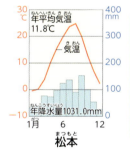

年平均気温 16.3℃ / 年降水量 1528.8mm / 東京

相模湾の沿岸部などでは、あたたかく冬も霜がおりにくい気候を生かしてミカンなどの柑橘類が栽培されています。

4 内陸性気候区

山脈で囲まれた内陸部は、季節風の影響を受けにくいので、1年を通して降水量が少ないという特徴があります。人が多くすむ盆地では晴れた日が多いです。海岸からはなれているため、夏と冬、昼と夜の気温差が大きいです。

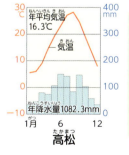

年平均気温 11.8℃ / 年降水量 1031.0mm / 松本

昼夜の寒暖差が大きい特性は果物の栽培に適しているほか、夏のすずしい気候は避暑地として活用されることもあります。

5 瀬戸内海気候区

瀬戸内海沿岸は、夏は四国山地が南西の季節風を、冬は中国山地が北西の季節風をほぼさえぎるので、1年を通して晴れの天気が多く、年間の平均降水量が1000mm程度と、日本の中では雨が少ないです。冬に非常に強い季節風がふくと、中国山地が低いために日本海側から雪雲が入って雪となることもあります。

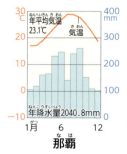

年平均気温 16.3℃ / 年降水量 1082.3mm / 高松

本州、四国、九州に囲まれた大小700以上の島がある瀬戸内海は、波はひかく的おだやかです。

6 南西諸島気候区

近海を黒潮が流れるあたたかい海に囲まれた亜熱帯の気候で、高温多湿です。年間を通してあたたかく、霜や雪は見られません。海からふく風のため、猛暑日となることはほとんどありません。那覇の平均気温の一番高い7月と、一番低い1月の差は約12℃と、他の地方にくらべて温度差は小さいです。

年平均気温 23.1℃ / 年降水量 2040.8mm / 那覇

大規模なサンゴ礁は、熱帯の外洋に面した海岸によく発達します。

日本各地ではさまざまな農作物が、その地域の気候の特性に合わせて栽培されています。

気候

砂漠

砂漠とは、乾燥していて植物がほとんど生育せず、砂や岩石などが多い土地のことです。地球上では、太陽の日射量、海陸の分布、コリオリの力などが関係して大気の大循環が起こります。この大気の大循環が砂漠の形成に大きく関わっています。有名なものにアフリカのサハラ砂漠や南アメリカのアタカマ砂漠などがあります。

世界の砂漠の分布

地球上の主な砂漠は、北緯（南緯）20～30°付近の中緯度高圧帯にあります。上空から熱くて乾燥した空気が下降しています。

砂漠の砂のでき方

砂漠は昼間の気温が高く、岩石の表面が80℃以上になることもありますが、夜は冷えて氷点下にまで達することもあります。このため岩石をつくっている鉱物はのびたりちぢんだりします。

鉱物ののびちぢみによって、岩石はしだいに割れたり表面からぼろぼろにこわれたりします。そして岩石が小さくくだかれて砂になる風化作用が進み、強く熱い風が砂をふき飛ばします。飛ばされた岩石片はたがいにぶつかったり、表面をけずったりし、角がとれた砂になります。これが強い風によって遠くまで運ばれ、風下側に堆積して砂漠になります。

大気の循環（ハドレー循環）が砂漠地帯をつくります。赤道付近の下層の大気は、強い太陽熱であたためられて上昇して雲となり、大量の雨をふらせる赤道降雨帯をつくっています。雨をふらせた上空の大気は水分を失って乾燥し、赤道の北と南に流れてそれぞれ北緯・南緯20～30°付近で降下し、砂漠地帯をつくっています。

大気の循環は赤道の北と南で同じように起こりますが、風向きはそれぞれことなります。

特殊な砂漠

砂漠にはいくつかの種類があり、砂でできた砂漠以外にもさまざまな砂漠が存在します。

岩石砂漠
風が強く砂が風下に飛ばされて、大きながれきだけが残ったり、岩肌がむき出しになったりしています。砂におおわれていません。

南極の乾燥谷（ドライバレー）
南極のロス海西岸にある乾燥谷は、毎秒90mという強風で水分がほとんど飛ばされます。極端に湿度が低く、雪や氷が見られない地域で、世界で最も乾燥した場所です。

砂丘のでき方

砂丘とは、風で運ばれた砂が積もってできる地形のことで、砂漠でよく見られます。風の向きや強さ、砂の大きさや量などによってさまざまな形になり、ふつう風上側はゆるく長い斜面で、風下側は急な斜面です。砂丘が一か所にとどまることはめずらしく、多くは風に流されて移動しています。

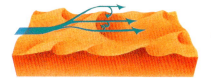

バルハン型
砂の量が少なく、風が同じ方向にふき続けるところでは、三日月型のバルハン砂丘となります。砂の量が多いと両端がつながります。

横列型
バルハン砂丘の両端がつながって波型の砂丘ができ、それが風によって移動すると、峰の部分が横長く、なだらかに列がつづくようになります。

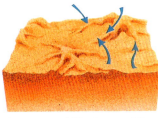

星型
風向きが変わりやすい砂漠に見られる砂丘で、形を変えないで同じ場所にとどまっていることが多いようです。

縦列型
同じ方向から強い風がふく砂漠でよく見られ、線状のくぼみが細長くいくつも重なっています。セイフともいいます。

日本に○○砂漠と呼ばれる場所はありますが、本当の砂漠はありません。しかし、砂丘は風の強い海岸地域でよく見られます。

気候

極地

地球の北と南にはそれぞれ北極と南極という極地があります。ともに氷におおわれた世界ですが、北極のほとんどは北極海に浮かんだ氷で、標高が10mほどしかありません。一方で南極は、南極大陸の上を氷がおおっていて、平均標高は約2500mほどです。気温は北極より南極の方が低くなります。これは南極のほうが高度が高いことと、南極の内陸部が海から遠くはなれていることが原因です。

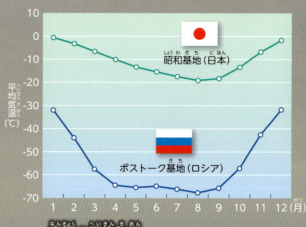

南極の平均気温
南極の沿岸部にある昭和基地は、8月の気温が一番低いです。内陸部のボストーク基地では昭和基地より気温が低く、4〜9月は特に低くなっています。

南極大陸と南極海

南極大陸の面積は1250万km²で、日本の面積の30倍以上もあります。そのうち95％以上は厚い氷におおわれています。地球温暖化が進んでこの氷がとけだすと、海水面が大きく上昇します。

南極海は、南極大陸のまわりを囲む、南緯60°以南の海域です。西から東へ向かって一周する海流が流れており、大西洋、太平洋、インド洋など北に広がる海よりも南極海のほうが低水温で塩分濃度が濃いため、生息する生物の種類も異なります。

しずまない太陽

地球の自転軸が公転面に対して約23.4°傾いているので、極地方では、夏は太陽が一日中しずまない白夜、冬は太陽が一日中のぼらない極夜になります。

南極の生物

南極地域は世界で最も寒い地域として知られており、昭和基地の周辺では夏でも平均気温が－1℃、冬では－20℃にもなります。南極にはそんな過酷な環境に適応したさまざまな生物たちが生息しています。

コウテイペンギンのむれ。ブリザードがふいたときは体を寄せ合って寒さを耐え抜きます。

氷の間から顔をのぞかせるシャチ。皮ふの下の厚い脂肪で体の熱が逃げるのをふせいでいます。

氷の下を泳ぐコオリウオ。血液は透明で、氷点下以下の水温でもこおらないたんぱく質がふくまれています。

南極には国境がなく、研究は国際協力で行われています。日本は、オゾンホール発見や大量の隕石発見など、画期的な成果を出しました。

南極氷床の断面図

南極では、ふった雪がとけることなく積もり、その重みで氷となって、平均で厚さ2500 mもの氷床ができています。氷床内部はゆっくりと移動し、やがて大陸の端まで達すると海に流れ込み、棚氷になります。その棚氷の先端部は、氷山となって南極海をただよいます。

ダイヤモンドダスト…細かい氷の結晶が日光で輝きながらふる現象。ブリザード…激しいふぶきのこと。

昭和基地
昭和32年2月に南極の東オングル島につくられました。その後、内陸部にドームふじなどの観測拠点がつくられました。

北極

北極も氷の世界で、その氷は主に海に浮かんでいます。そのため、北極の氷がとけても海水面は上昇しません。
北極海は、ユーラシア大陸、グリーンランド、北アメリカ大陸などに囲まれた海で、中央部に北極点があります。高緯度にあるため、北極点周辺は1年を通して氷でおおわれ、その他の海域も冬になると氷でおおわれます。近年、地球温暖化の影響で夏になっても消えない海氷の面積が、ユーラシア大陸側から小さくなっています。

地球温暖化により海氷が減少すると、ホッキョクグマなどが生きる場所がなくなります。

北極の氷山は南極のものにくらべると小さく、とがった山のような形をしています。山岳氷河が流れ込んだものが多いためです。

エルニーニョ現象とラニーニャ現象

エルニーニョ現象はペルー沖の海面水温が異常に上昇する現象です。クリスマスのころに始まることが多いため、神の男の子（キリスト）を意味するスペイン語から名づけられました。また、反対にペルー沖の海面水温が低下する現象をラニーニャ現象（女の子を意味するスペイン語）と呼びます。最初は、局地的な現象と考えられていましたが、地球全体の気象の変化とも関係していることがわかり注目されています。

ふだんのペルー沖の海

南アメリカ西海岸のペルー沖では、南東貿易風が東から西にふいています。海流も東から西へ流れ、その海流の影響で、冷水が深海から湧き上がってきます。そのためペルー沖は、深海から冷水とともにリンや窒素などが表層に現れ、それを食べるプランクトンが繁殖し、そのプランクトンを食べる小魚などの好漁場となっています。

エルニーニョ現象

東から西にふいている南東貿易風が弱まると、西へ流れている海流も弱まり、西にふき寄せられていた暖水が東の陸地におしもどされるため、深海から冷水が湧き上がらなくなります。すると、ペルー沖などの太平洋東部では、海面水温が上昇し、エルニーニョ現象が発生します。これにより、ふだんは雨がほとんどふらないペルーの海岸砂漠でも雨がふります。逆に、ふだんは雨が多いインドネシアなどの太平洋西部では雨がふらなくなります。

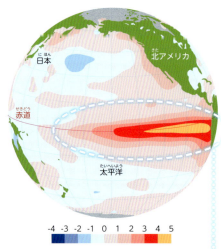

エルニーニョ現象のときの月平均海面水温平年偏差図
太平洋東部の赤道域で赤の色が濃く、海面水温が平年より高くなっています。
（資料＝気象庁）

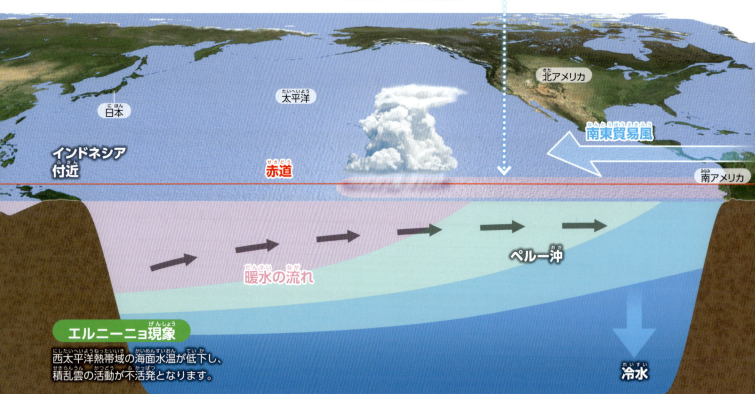

エルニーニョ現象
西太平洋熱帯域の海面水温が低下し、積乱雲の活動が不活発となります。

海面水温は、気象衛星を用いて海面からの赤外線の放射を観測することで比較的かんたんにわかります。

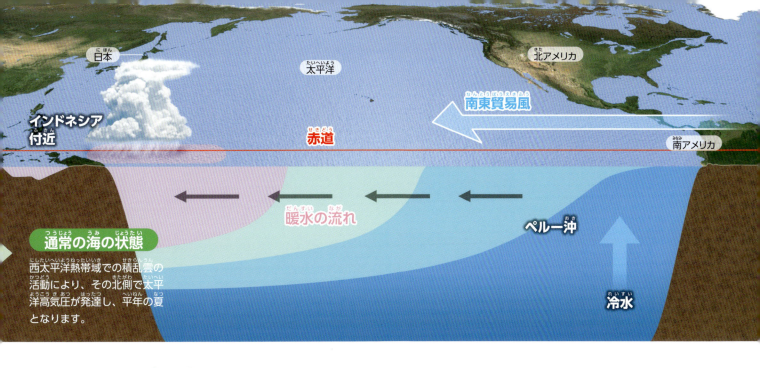

通常の海の状態
西太平洋熱帯域での積乱雲の活動により、その北側で太平洋高気圧が発達し、平年の夏となります。

ラニーニャ現象

エルニーニョ現象とは逆に南東貿易風が強まり、西へ向かう海流も強まる現象です。同様に深海の冷水がより多く湧き上がり、ペルー沖の海面水温はより低くなります。エルニーニョ現象ほどではありませんが、こちらも地球全体の気象の変化と関係があるといわれています。

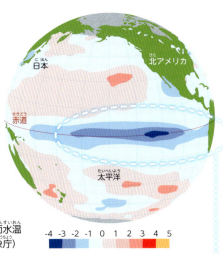

ラニーニャ現象のときの月平均海面水温平年偏差図
太平洋東部の赤道域で青の色が濃く、海面水温が平年より低くなっています。（資料＝気象庁）

日本にはどんな影響がある？

エルニーニョ現象が発生すると、日本付近では、冷夏になりやすく、冬季は西高東低の気圧配置が弱まり、暖冬になりやすくなります。ラニーニャ現象が発生すると、反対に夏は猛暑に、冬は寒冬になりやすくなります。

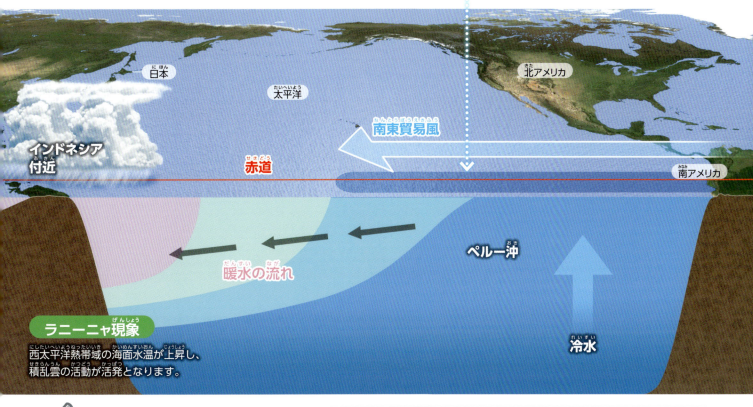

ラニーニャ現象
西太平洋熱帯域の海面水温が上昇し、積乱雲の活動が活発となります。

ひとたびエルニーニョ現象、ラニーニャ現象が発生すると、1年程度その状態が続きます。

赤黄緑に彩られた絶景
紅葉（日本）
多くの落葉樹は秋になると葉の色を緑から赤、橙、黄に変色させます。これを紅葉と呼び、鮮やかな色に彩られるさまは観光の対象になっています。川下りや鉄道に乗りながら見学するなど、地域によって楽しめる紅葉の景色はさまざまです。

天気・季節に関わる絶景

絶景スポットの中には気温や湿度、風などの気象条件が合ったときにだけ見られる期間限定の景色も存在します。また、特定の季節に自然がつくり出す絶景も私たちの目を楽しませてくれます。

大地に広がる虹
セブン・カラード・アース（モーリシャス）
光の当たり具合などによって赤、茶、黄、紫と鮮やかに色を変える砂丘です。溶岩由来の砂にふくまれる鉱物などの成分の変化によってこの色合いが生み出されていると考えられています。

奇跡の花畑
フラワーリング・デザート（チリ）
南米チリのアンデス山脈と太平洋の間に広がるアタカマ砂漠では数年に一度、エルニーニョ現象で降水量が増えたときだけ花畑が広がります。荒涼とした大地にたくさんの花が一気に花開く光景は圧巻です。

空に広がる白い海
雲海（日本）
霧がすり鉢状の地形にたまり、まるで海のように見える現象です。風がふいていない春と秋の夜明け前から早朝に観察できます。北海道の勇払郡や兵庫県の竹田城で見られるものが有名です。

雪原を埋めつくす氷の木
蔵王の樹氷（日本）
山形県の蔵王連峰に見られる樹氷はとても冷えた水滴をふくんだ風が松などに衝突し、瞬間的にこおりつくことをくり返して氷が成長したものです。最大で高さ10mほどにもなり、スノーモンスターとも呼ばれています。

氷の宝石
ジュエリーアイス（日本）
ジュエリーアイスは冬の北海道十勝・豊頃町の大津海岸に現れる、丸みを帯びた氷のかたまりです。透明度が高く、光を浴びると宝石のように輝いて見えることからこの名で呼ばれています。

湖面に浮かぶ氷の花
フロストフラワー（日本）
こおりついた湖の上で水蒸気がこおるフロストフラワーは、冬の華とも呼ばれています。北海道の阿寒湖が氷でおおわれる12月から3月の間に観察することができます。

地球の今

東京の夜景
建物のカラフルな光がうむ夜景は観光資源にもなっています。しかし、これらは電気というエネルギー資源を消費したものです。今後のエネルギー問題を考えるうえで、電力消費をへらすことは避けては通れない課題です。

これまで見てきたように、地球の環境は非常に長い時間をかけて形づくられてきました。しかし、近年の人類の活動によって温暖化や生態系の破壊、大気や土壌の汚染など、地球環境は急激に変化してきています。このままのスピードで環境が悪化すると、生命の星である地球は生物が生活できない不毛の星になってしまうかもしれないのです。わたしたちにどのような対策ができるか、考えていきましょう。

流氷の上を飛ぶオオワシ
国の天然記念物や絶滅危惧種に指定されているオオワシは冬季に北海道などに飛来します。開発による生息地やえものの減少、交通事故、鉛中毒などによってその数をへらしています。

海岸に流れ着いたゴミ
分解に時間のかかるプラスチックゴミの問題があります。景観をそこねる、マイクロプラスチック問題を引き起こすだけでなく、ウミガメなどの生物が食べてしまうなど、生態系への影響も問題になっています。

地球上の多様な生態系

森林や草原、砂漠、湖、深海など、地球上にはさまざまな環境があります。そして、それぞれの環境に適応した、多様な生物がくらしています。このように、ある環境とそこにくらす生物たちがつくりあげている関係のことを生態系といいます。もちろんわたしたち人間もこの生態系の一部ですが、人間の活動によって生態系のバランスをこわしてしまうことが問題になっています。

生物多様性

地球上の生物は3000万種を超えるともいわれています。種数だけでなく、その命ひとつひとつに個性があり、また生き物同士のつながりが複雑に関係しあって豊かな生態系をつくり出しています。こうした多様さのことを生物多様性といいます。

ワッデン海(ドイツ、オランダ、デンマーク)
湿地は水鳥をふくむ多様な生物がくらす重要な環境です。水鳥の多くは渡り鳥のため、各国で協力して湿地を守るラムサール条約(特に水鳥の生息地として国際的に重要な湿地に関する条約)が1971年に締結されました。写真はドイツ、オランダ、デンマークにまたがって広大な湿地が広がるワッデン海です。

生物多様性の3つのレベル

生物多様性には、次の3つのレベルがあります。
- **種の多様性**…細菌のような微生物から巨大なクジラまで、多様な種があること。
- **遺伝子の多様性**…同じ種でも、遺伝子レベルでは少しずつことなる部分があり、個体差があること。
- **生態系の多様性**…山や草原、森林、海や川、湿地など、さまざまな環境があること。

アサリは同じ種でも、殻の模様が少しずつちがっています。これは遺伝子が少しずつことなっていることも要因のひとつです。

マダガスカルのワオキツネザル。

サンゴ礁の海を泳ぐアカウミガメ。海の中にも岩場や浅瀬、サンゴ礁などたくさんの環境があります。

文明の発達とともに、人間の活動は、自然の環境にさまざまな影響を与えるようになりました。

食物連鎖と生態系ピラミッド

食物連鎖は、生物の「食う－食われる」の関係を表す言葉です。太陽エネルギーを利用して、光合成によって無機物から、生物が生きていくために必要な有機物をつくり出すことができるのが植物です。動物は自分自身でエネルギーとなる有機物をつくり出すことはできません。そのため、植物食の動物が植物を食べ、肉食の動物が植物食の動物を食べることでエネルギーを得ています。そして、動植物が死ぬとバクテリアなどによって分解され、再び植物が取り込める無機物になります。自然界では、食物連鎖によって、生物の数は変化しつつもつり合いがとれています。

生態系ピラミッドの例

ある生態系の食物連鎖に登場する生物の量（個体数など）に着目してつくられるのが生態系ピラミッドです。生物の数に注目すると、下層にいくほど多くなり、高次の消費者の数が最も少なくなっています。このバランスがくずれると、生態系そのものがこわれてしまう原因になります。

陸上の食物連鎖の例

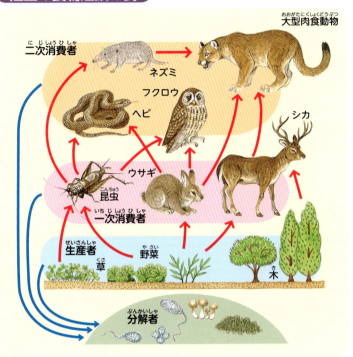

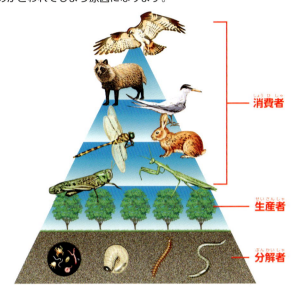

消費者が生きていくための食べ物を提供する生産者や生物の死体などを分解し、豊かな土壌をつくる分解者の数がへると、ピラミッドがくずれてしまいます。

はじめに有機物をつくる植物などが生産者、それらを食べる生物が消費者、死骸などを分解する生物が分解者です。食物連鎖は高次の消費者ほど数が少なく、調和が保たれています。赤い→は、食べる、食べられる関係を、青い→は、死骸などが分解される関係を示しています。

解決への取り組み例　生物多様性条約

わたしたちのくらしは、多様な生物から食べ物や着る物、薬、燃料などを得ることで成り立っています。また、豊かな自然がもたらす心への影響もとても大きいものです。各国が勝手に環境を破壊したり、生物を乱獲し続けたりすれば、将来、人間も生きていくことができなくなります。そこで、世界全体で生物多様性を守るための決まりがつくられました。それが「生物の多様性に関する条約（生物多様性条約）」です。

1993年12月29日に発効され、196の国と地域が締約しています（2023年12月現在）。日本も1993年から加盟しています。

生物多様性条約の３つの目的

1. 生物の多様性の保全
2. 生物多様性の構成要素の持続可能な利用
3. 遺伝資源の利用からしょうずる利益の公正で衡平な配分

北海道の厚岸で水揚げされるサンマ。海産物も貴重な食料資源です。取りつくさないよう、ルールを守って漁をすることが求められます。

白神山地（秋田県、青森県）の自然。日本は世界の中でも希少な生態系が見られる地域ですが、多くの生物の絶滅が心配されています。このような地域は生物多様性ホットスポットに選定されています。

生態系ピラミッドを構成する種は環境ごとにことなります。しかし、ピラミッドの段階が低いものほど量が多くなるのは共通しています。

生物の乱獲と絶滅

各地で起こった乱獲

むやみに生物をとることを乱獲といいます。食料や毛皮、ペットとしての利用などの目的で各地の生物が乱獲され、絶滅に追い込まれました。そのほか、希少な生物の密猟や密輸が各国で摘発されています。国際社会は「絶滅のおそれのある野生動植物の種の国際取引に関する条約（ワシントン条約）」を締結するなど、野生生物を守る取り組みを行っています。

サイの密猟

サイの角の粉末は漢方薬になるとして、ベトナムや中国で高値で取り引きされています。

南アフリカの国立公園でのサイの密猟数の推移

年	頭数
'07	13
'08	83
'09	122
'10	333
'11	448
'12	668
'13	1004
'14	1215
'15	1175
'16	1054
'17	1028
'18	769
'19	594
'20	394
'21	451
'22	448
'23	499
'24	229

Department of Forestry, Fisheries and the Environment の数値を元に作成。(2024年6月時点)

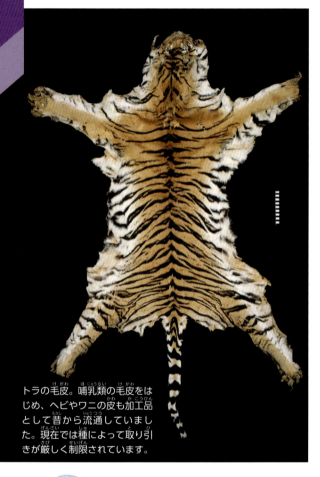

トラの毛皮。哺乳類の毛皮をはじめ、ヘビやワニの皮も加工品として昔から流通していました。現在では種によって取り引きが厳しく制限されています。

ケニアで押収されたアフリカゾウの象牙。高値で取り引きされるため、象牙目的でゾウを殺す密猟者があとをたちません。

もっと知りたい！ 絶滅のおそれのある野生動植物の種の国際取引に関する条約（ワシントン条約）

この条約は、絶滅の危機に直面している野生の動植物を守るため、締結した国が協力して輸入や輸出を規制する取り決めで、1973年にアメリカのワシントンD.C.で採択されました。日本は1980年に条約を締結しました。2024年現在、3万5000種以上の動植物が対象になっており、生体だけでなく、剥製、骨、毛皮などの体の一部のほか、食品や化粧品などに加工された製品などの取り引きも規制しています。

ウミガメ全種（写真はタイマイ）

タンチョウ

ジャイアントパンダ

タイマイの甲羅の加工品は鼈甲と呼ばれ、日本でも古くからかんざしやくしなどの材料でしたが、現在は輸入されていません。

外来種問題

大阪府にある公園の池で撮影されたヌートリア。南アメリカ原産で大型のネズミのなかまです。水草や農作物を食い荒らしたり、河原に巣穴を掘るなどして環境をこわします。「世界の侵略的外来種ワースト100」のほか日本の「特定外来生物」にも指定されています。

本来、その地域には生息しておらず、人間の活動によって別の場所から連れてこられた生物を外来種といいます。外来種がふえると、在来種(もともとその地域でくらしていた他の生物)をおそったり、すみかや食べ物をうばうなどして、生態系に大きな影響を与えます。同じ国内でも、もともとそこにいない生物が別の土地からもち込まれた場合は外来種としてあつかわれます。

外来種が起こす影響

生態系への影響

捕食
在来の生物を捕食することで数をへらしてしまう可能性があります。

人の生命・身体への影響

外来種のもつ毒や牙、爪などで人への健康被害を与えることが考えられます。

競合
在来種とすみかや食べ物のうばい合いをすることで在来種をへらすことがあります。

交雑
在来種と繁殖し雑種をつくることで、純粋な種がいなくなる可能性があります。

農林水産業への影響

田んぼや畑を荒らしたり、水産業の対象種を食べてしまう外来種がいます。

外来種の多くは食料や毛皮目的など人が利用するために輸入され、逃げ出したりしたものです。適切に動植物を扱う必要があります。

どのように移動するのか

日本では2000種あまりの外来種が確認され問題になっています。これらの生物の多くは、もともと食用や毛皮を取るためなどの目的でもち込まれたものです。ペットとして飼育されていたものが逃げ出して野生化した例もあります。また、日本にいる生物が海外で問題を引き起こしている例もあります。
外来種そのものが悪いのではなく、人間の活動によって生態系のバランスを乱してしまう可能性があることをしっかり認識し、むやみに生物を移動させないことが大切です。

日本にもいる生き物が外来種となっている例

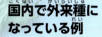

クズ
日本では一般的な植物ですが、アメリカなどでは現地の植物をおびやかす存在になっています。

国内で外来種になっている例

カブトムシ
本州から北海道や沖縄県にもち込まれています。

ギシギシ
平地から山地にもち込まれています。

海外からもち込まれた例

アメリカザリガニ
養殖のウシガエルのえさとしてアメリカからもち込まれ全国に広がりました。

アライグマ
ペットとしてアメリカからもち込まれ、捨てられるなどして野生化しました。

国連による侵略的外来種の発表

国際自然保護連合（IUCN）は2000年に「外来侵入種によって引き起こされる生物多様性減少防止のためのIUCNガイドライン」を採択し、各地でもとの生態系などをおびやかす種の侵入を止めたり、撲滅することをめざしています。また、特に生態系に影響の大きい外来種を「世界の侵略的外来種ワースト100」にまとめて発表しています。
世界各地に広がったネコやネズミ、ヤギのほか、イタドリやクズなど、日本に分布している植物もこのリストに掲載されています。

「世界の侵略的外来種ワースト100」の例

哺乳類	鳥類		軟体動物
アカギツネ	インドハッカ	オオクチバス	スクミリンゴガイ
アカシカ	ホシムクドリ	カダヤシ	水生植物
アナウサギ	爬虫類	コイ	ホテイアオイ
イエネコ	アカミミガメ	ニジマス	ワカメ
クマネズミ	両生類	昆虫	陸上植物
ヌートリア	ウシガエル	イエシロアリ	イタドリ
ヤギ	魚類	ヒアリ	クズ
		ヒトスジシマカ	

外来生物法

日本では平成17（2005）年に「特定外来生物による生態系等に係る被害の防止に関する法律（外来生物法）」が制定されました。この法律では、特に明治時代以降に海外からもち込まれ、生態系、農作物、人の命などをおびやかす生物を特定外来生物に指定し、その取りあつかいに制限を設けています。
また、平成27（2015）年には環境省と農林水産省は「生態系被害防止外来種リスト」を作成し400種以上の生物種をまとめています。

特定外来生物の例

◀ クリハラリス（タイワンリス）

◀ アカボシゴマダラ

◀ カダヤシ

◀ スクミリンゴガイ（赤いものは卵）

国内でも、本来の生息地域から人間活動によって移動したものは国内外来種と呼びます。

森林の消失と砂漠化

失われる熱帯雨林

森林は、雨水が急速に流されないように土壌を守るだけではなく、光合成をして大気から二酸化炭素を吸収し、有機物という形で炭素をたくわえます。樹木の成長が止まったり、木材として切り出されても炭素のたくわえは続きますが、くさったり、焼かれたりすると、その分だけ大気中の二酸化炭素がふえます。世界の森林面積は、約40億ヘクタールですが、南アメリカやアフリカの熱帯の森林を中心に、毎年520万ヘクタールが減少しています。焼き畑農業や定住農業のための開墾、燃料としての過度な伐採、過剰な放牧、人口の増加など、その原因の多くは人間です。

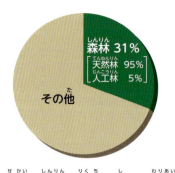

森林 31%
　天然林 95%
　人工林 5%
その他

世界の森林が陸地に占める割合
世界の森林面積は、陸地面積の約31％を占め、その大半が天然林です。

ボルネオ島の熱帯雨林（マレーシア）

農地として開発

マレーシアのアブラヤシ農園では、定住農業のため、ジャングルを開墾して農地がつくられています。作物は森林ほど二酸化炭素をたくわえません。

森林火災

干ばつが続いた森林では、落雷などの自然現象や、人間による失火で火災が発生し、大規模なものは長期化します。泥炭地帯であれば、さらに長期化することがあります。

アメリカのバージニア州の山火事

木材や燃料として伐採

人口増加による土地開発や外貨を得るためなどで、森林の回復力の範囲を超えた伐採が行われています。

マレーシアのボルネオ島で出荷を待つ木材

焼き畑農業

森の木を切って焼き、その灰を肥料として作物を育てることを焼き畑農業といいます。しばらくすると土地がやせてくるので、別の場所で同じことをくり返します。

アフリカのギニアの焼き畑

熱帯の森林の成長を支える表層土はうすいため、広大な森林が失われると、雨で表層土が流出して森林が育ちにくくなります。

1985年

2000年

森林伐採が進む様子は衛星からも確認することができます。ブラジルのマットグロッソ州では、アマゾンの森林伐採が急速に進みました。

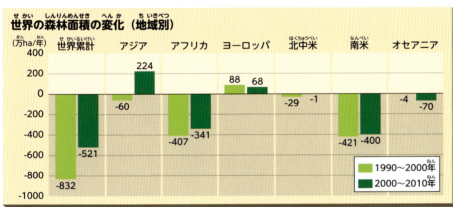

世界の森林面積の変化（地域別）

世界の森林面積は、20世紀末には、ヨーロッパ以外の全ての地域で減少しました。その後、アジアでは大規模植林などで増加しましたが、アフリカや南米では減少が続いています。
（資料＝世界森林資源評価）

 進む砂漠化

砂漠は雨が極端に少ないという自然現象によってできるだけでなく、人間活動によってもできます。雨の少ない地方での草地の再生能力を超えた放牧や、多量の樹木の伐採は、砂漠化の原因になります。また、不適切なかんがいによって、土中の塩分が増加し、植物が生育できなくなり、緑の土地が砂漠に変わったりもします。雨の少ない地方で、いったん砂漠ができると、緑地にもどすには時間がかかります。

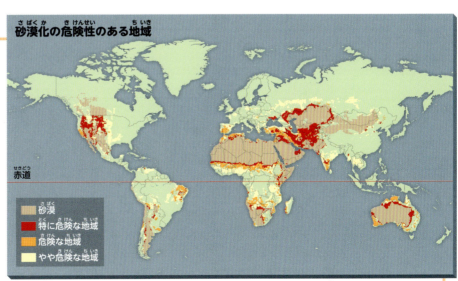

砂漠化の危険性のある地域

砂漠
特に危険な地域
危険な地域
やや危険な地域

砂漠地帯周辺で雨が少なく、人口がふえているところは、砂漠化の危険があります。

砂漠化の影響を受けている人口は約9億人いるといわれています。

ゴミ問題

▲▼ケニアのゴミ投棄場。地域によっては、ゴミ山の中からまだ使えるものを探して売ることで生計を立てている人たちもいます。ゴミの山には大量のプラスチックも見えます。

拡大するゴミ問題

2019年に発表された資料によると、世界194か国から排出されるゴミは年間約21億トンにものぼります。ゴミの排出量が最も多いのは中国の15.5％で、ついでインドとアメリカの12％となっています。日本も2％に相当する量を排出しており、世界で8番目にゴミを出している国となっています。

各国のゴミの排出量（2019年）

プラスチックゴミ

経済協力開発機構（OECD）によるとプラスチックゴミは2019年の世界中の年間排出量が3億5300万トンでした。しかし、その中でリサイクルされたプラスチックゴミはわずか9％でした。さらに、610万トンものプラスチックゴミが河川に流出し、海洋ゴミになったと報告しています。2050年には、プラスチックゴミの量が世界の魚の量を超えてしまうという予測もあります。

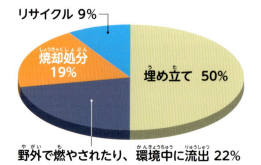

リサイクル 9％
焼却処分 19％
埋め立て 50％
野外で燃やされたり、環境中に流出 22％

2019年のプラスチックゴミの処理内訳

世界のプラスチックゴミのその後。ほとんどがゴミとなり、野外での焼却をふくめ、環境中には22％が流出しています。

プラスチックは軽くて加工しやすく、くさらないじょうぶな物質のため、さまざまな製品に使われています。

海洋プラスチックゴミ問題

捨てられたプラスチックゴミが海をただようと、海洋プラスチック問題を引き起こします。水中をただようプラスチックゴミをえさとまちがえて海洋生物が食べたり、捨てられた漁業用の網にひっかかったりして、さまざまな生物が命を落としています。

また、プラスチックは長時間水面や水中をただよううちに、紫外線や風によってもろくなり、小さくくだけます。特に5㎜未満になったものをマイクロプラスチックと呼びます。マイクロプラスチックを食べた魚などを、さらに人間が食べることで、人体にも影響が出ることが心配されています。

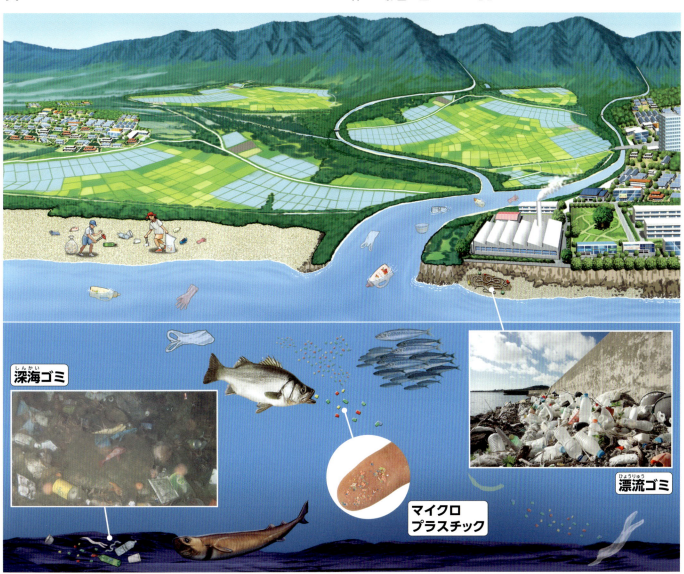

 生分解性プラスチックの開発

微生物が分解できるような成分でつくったプラスチックが生分解性プラスチックです。農業で使うシートや、漁業用の網などは生分解性プラスチックを使用することで環境への負荷をへらすことができると考えられています。

◀土を寒さから守るための農業用シートの例。時間とともに土にかえるので、農地に置きっ放しにすることもできます。

プラスチックの使用を減らす

世界でプラスチックの使用量を削減する取り組みがふえるなか、日本では2022年4月1日に「プラスチックに係る資源循環の促進等に関する法律」が施行されました。この法律では、企業がプラスチック製品をつくる際は、リサイクルや捨て方まで考えた設計を行うことなどが定められています。

◀ファストフード店などでは、プラスチックから紙のストローに変えるなど、プラスチックゴミを出さない取り組みが進んでいます。

 流出したプラスチックが海流にのってくるため、日本近海には世界平均の27倍ものマイクロプラスチックがあるという研究があります。

エネルギー問題

わたしたちは、毎日たくさんの電気を使って生活をしています。夜の様子を空から見ると、先進国の多くや工業地帯は夜でも明るく、多くのエネルギーが消費されていることがわかります。

石油、天然ガス、石炭に依存する社会

地球には化石燃料(石油、天然ガス、石炭など)という資源があり、人類はこれらを燃やして多くの電気を得てきました。車を動かすのも、石油から取れたガソリンです。しかし、化石燃料には限りがあります。

現在は化石燃料に加えて、原子核の性質を利用した原子力発電や水が移動するエネルギーを利用した水力発電、風の力で風車を回す風力発電、太陽光を利用した太陽光発電、地熱を利用した地熱発電などの再生可能エネルギーも利用されています。

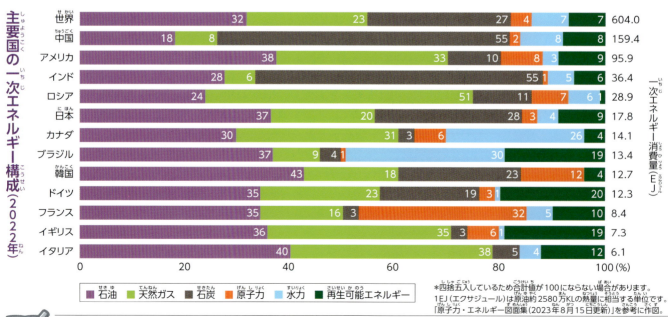

主要国の一次エネルギー構成(2022年)

国	石油	天然ガス	石炭	原子力	水力	再生可能エネルギー	一次エネルギー消費量(EJ)
世界	32	23	27	4	7	7	604.0
中国	18	8	55	2	8	8	159.4
アメリカ	38	33	10	8	3	9	95.9
インド	28	6	55	1	5	6	36.4
ロシア	24	51	11	7	6	1	28.9
日本	37	20	28	3	4	9	17.8
カナダ	30	31	3	6	26	4	14.1
ブラジル	37	9	4	1	30	19	13.4
韓国	43	18	23	12	4		12.7
ドイツ	35	23	19	3	1	20	12.3
フランス	35	16	3	32	5	10	8.4
イギリス	36	35	3	6	1	19	7.3
イタリア	40	38	5		4	12	6.1

*四捨五入しているため合計値が100にならない場合があります。
1EJ(エクサジュール)は原油約2580万KLの熱量に相当する単位です。
「原子力・エネルギー図面集(2023年8月15日更新)」を参考に作図。

日本は世界的に見てもエネルギーの自給率が低く、2021年にOECD(経済協力開発機構)に加盟する38国内で比較したところ37位でした。

新たなエネルギー源を探る

使えば減ってしまう資源とはことなり、水力や風力、太陽光、地熱など、何度も使えるエネルギーを再生可能エネルギーといいます。動物の糞尿や植物などを利用したバイオマスエネルギーも再生可能エネルギーの1種です。

しかし、本来は食用だったはずのトウモロコシがバイオエタノール用に高く売られるなど、新たな問題も起こっています。

▶アメリカのトウモロコシ畑。トウモロコシは食用だけでなく家畜のえさなどにもなるため、世界最大の生産量をほこる野菜です。

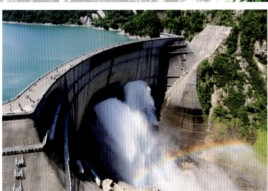

水力発電
水力発電は、高い位置から水を落としてタービンをまわし、その力で発電します。

水素エネルギー
水を分解して得られる水素は、酸素と結びつけることで発電が可能で、燃料電池車の動力源となります。また、燃焼しても二酸化炭素を排出しないクリーンエネルギーとして注目されています。

風力発電
風力発電は、自然の風を利用して風車をまわし、その力を利用して発電します。

ミドリムシ燃料
藻類の1種であるミドリムシ（ユーグレナ）は、軽油に近い成分の油をつくり出します。そこで、ミドリムシを大量培養してその油脂を精製し、車や船、飛行機を動かす燃料にする技術が開発されています。

二酸化炭素を利用した新たな合成燃料

ガソリンのかわりに、二酸化炭素と水素を利用した新しい合成燃料が研究されています。発電所や工場などから排出される二酸化炭素を再利用し、二酸化炭素が出ない発電で生じた水素を利用することでカーボンニュートラルになるしくみです。

▶日本では年間約8000万トンの家畜排せつ物が出ています。その多くは堆肥として再利用されますが、一部は発電に使われています。ウシ、ブタの排せつ物をメタン発酵させてできるメタンガスを燃焼させる発電と、ニワトリの糞をそのまま燃やして燃料として使う方法があります。写真はメタン発酵用の施設です。

排出した量と同じ分だけ温室効果ガスを吸収、除去して実質的に温室効果ガスをゼロにすることをカーボンニュートラルといいます。

大気汚染

大気汚染の原因

工場や自動車などから、人工的につくり出された各種の物質が大気中に排出されると、人や生物などに影響をおよぼします。こうした大気汚染物質は、風に乗って国境を越え、遠くはなれた地域にまで運ばれるので、世界規模での大気汚染対策が必要です。

大阪府でも高濃度のPM2.5が観測されました。遠くのビルがかすんでいます。

PM2.5とは何か

PM2.5は、大気中に浮遊する直径2.5μm（μmは1mmの1000分の1）以下の粒子のことです。物質の種類は決まっておらず、火山や黄砂など、自然界でできたものもありますが、化石燃料を燃やしてできた粉じんや、工場や自動車などから排出される硫黄酸化物など、人間が排出したものが多くふくまれます。それらは、毒性が強い成分をふくんでいる場合もあり、問題となっています。

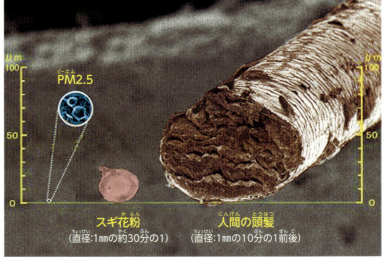

PM2.5の特徴

PM2.5は、髪の毛（50～100μm）や、スギ花粉（30～40μm）よりもはるかに小さく、微小粒子状物質と呼ばれています。（資料画像＝東京都環境局）

大気中のちりをすい込むと、10μm程度の粒子は鼻腔・咽喉までで止まりますが、2.5μm以下の粒子は肺胞までとどきます。

中国の都市部では、PM2.5などによる大気汚染が深刻です。太極拳にはげむ人びとの背景の建物が、晴れた日にもかかわらずかすんで見えます。(中国、上海)

光化学スモッグ

工場や自動車の排ガスなどにふくまれる窒素酸化物や炭化水素は、太陽の光を受けると光化学反応を起こし、オゾンや二酸化窒素、ホルムアルデヒドなど、人体に影響をおよぼす二次的汚染物質をつくります。なかでも酸化力が強い物質を光化学オキシダントと呼び、これが大気中にたまると、白いもやのようになります。これが光化学スモッグです。光化学スモッグによって、目がチカチカして涙が出る、のどが痛くなる、息苦しさを感じる、などの影響が出ます。

日本では、光化学オキシダントの濃度が1時間で0.12ppm以上で、状態の継続が予想される場合は光化学オキシダント注意報が発令されます。注意報が発令される回数は少しずつへってきていますが、まだ毎年発令される都道府県があります。

光化学スモッグの影響で色が変わってしまったアサガオの葉

酸性雨

酸性雨は、大気中に放出された二酸化硫黄や窒素酸化物などの酸性物質によって酸性化した雨のことで、多くの場合pH5.6以下の雨(雪、霧をふくむ)をさします。酸性雨がふることで、土壌や川が酸性化して生物が死んでしまうなど、大規模な影響を引き起こします。
1970年代にはこの問題が大きく取り上げられたことで、各国で大気汚染物質の排出をへらす取り組みが行われ、現在も継続されています。

酸性雨の影響で枯れたと考えられている林(ドイツ)

酸性雨でとけた彫刻(イギリス)

酸性雨がふるしくみ

硫黄酸化物や窒素酸化物がさまざまな化学反応を起こすと、大気中に硫酸や硝酸の微粒子ができます。これを取り込んでふる強い酸性の雨が酸性雨です。

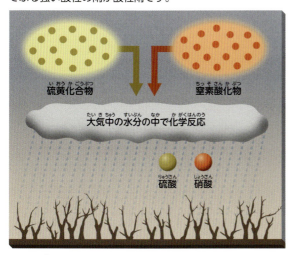

大気汚染が引き起こす病気

人間の大人は1日に約20Kgの空気を吸っているといわれています。もし、この空気が汚れていたら、さまざまな呼吸器系の病気を引き起こします。急激な工業の発展で大量に石炭を使うようになったイギリスでは、1700年代から大気汚染による被害が出ていました。1952年には2週間で4000人もの死者が出たロンドンスモッグ事件が起こっています。
日本でも、大気汚染が原因で過去にさまざまな問題が起こりました。その中でも特に被害が大きかったのが1950年代から三重県の四日市市で発生した四日市ぜんそくです。近隣の工業地帯から出た二酸化硫黄が原因で、住民の多くがぜんそく症状をうったえ、死者も出ました。

四日市ぜんそくは、イタイイタイ病、水俣病、新潟水俣病とともに日本の4大公害病と呼ばれています。

水質汚染

水質汚染の原因

地球は水の惑星といわれるほど水の多い環境です。しかし、人や生物が利用できる水はごくわずかです。貴重な水資源に工場排水や生活排水が流れ込むことで水が汚染されると、赤潮やアオコが発生したり、生態系に影響が出るだけでなく、地域の人びとが感染症に苦しむこともあります。特に近年では、プラスチックゴミによる汚染も大きな問題となっています。

赤潮
赤潮が発生した海の様子（山口県）。赤潮は生活排水にふくまれた窒素やリンを栄養として大量の植物プランクトンが発生し、その色で海が赤く見える現象です。

青潮

青潮は、主に赤潮を引き起こした植物プランクトンが分解されることが原因で発生します。このときの海中は酸素がほとんどない状態で、特に海底にすむ生物が大量死することがあります。

アオコ

霞ヶ浦（茨城県）で発生したアオコの様子です。アオコはらん藻（シアノバクテリア）という細菌が湖や池などの淡水で大量に発生する現象です。魚などを窒息死させる原因となります。

湖や海の汚れは、薬品を使ったCOD（化学的酸素要求量：Chemical Oxygen Demand）などの指標で測ります。

石油タンカーが海上で転覆するなどして石油が流出すると、周辺の環境や漁業に大きな影響を与えます。1997年にはロシアのタンカーが島根県沖で沈没し、日本海沿岸の広い範囲に重油が流れ着き、福井県三国町安島岬では、人びとが流れ着いた重油を撤去しました。

水の汚れと生物濃縮

工場排水に水銀などの化学物質が混ざると、生物の体に入ったままたまり続けます。すると、食物連鎖によって体の大きな生物に大量の化学物質がたまってしまいます。これを生物濃縮といいます。こうして大量の毒となる物質をもった魚などを人間が食べると中毒症状を起こします。日本ではこの現象が原因で発生した水俣病などが大きな社会問題となりました。

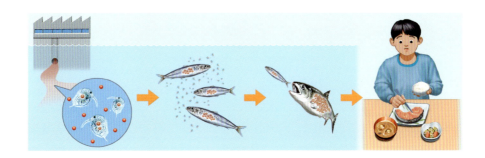

なぜ？どういう？ 赤潮、青潮の発生メカニズム

工場排水や生活排水が海に流れ込むと、水が富栄養化（栄養が多い状態）した状態になります。すると、窒素やリンを好む植物プランクトンが大量発生することで海の色が変わります。これが赤潮です。魚のえらにプランクトンがつまり、窒息死をまねくほか、これらのプランクトンが死んで分解される際に大量の酸素が使われるため、水中の酸素が不足することもあります。

やがて、死んで海底にしずんだ植物プランクトンは分解され、硫化水素を発生します。このとき海底付近の酸素がほとんどなくなり、貧酸素水塊になります。硫化水素は海中の酸素と結びつき、水中に小さな粒子（コロイド）をつくります。この粒子が強風などで流れの弱い海面まで浮上すると、海面が青白く見える青潮となります。

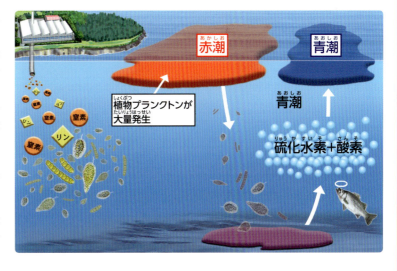

赤潮が発生しやすいのは流れの少ない内湾などです。特に東京湾、大阪湾、伊勢湾、有明海、瀬戸内海は赤潮が発生しやすい場所です。

地球の今

地球温暖化

人間の活動による二酸化炭素の放出は、地球全体の熱の配分に大きな影響をおよぼします。配分のしくみが変わると、わたしたちが生活している地表面付近の気象が変化します。長い時間をかけて変化してきた地球の熱の配分を、人間が、かつてないスピードで変化させているのではないかと心配されています。

地球温暖化の原因

地球温暖化の原因は、大気圏にある温室効果ガス（気温を高くする効果のあるガス）が、さまざまな人間活動によって増加していることにあると考えられています。温室効果ガスには、水蒸気、二酸化炭素、メタン、一酸化二窒素、フロン類、一酸化炭素、オゾンなどがあり、地球温暖化への最も影響が大きいのは二酸化炭素で、化石燃料の消費や森林破壊などにより、大気中の二酸化炭素がふえています。

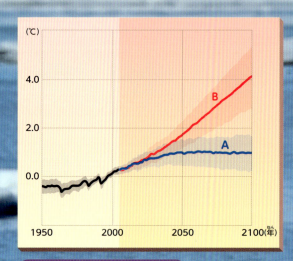

地球の気温変化と予測
世界の年平均気温（地表付近の気温と海面水温）は、さまざまな変動をくり返しながら、100年で約0.7℃の割合で上昇しています。今後、二酸化炭素をどのくらい排出するかによってA（少ない）、B（多い）という予測があります。

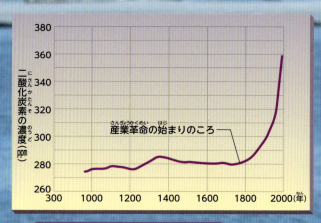

大気中の二酸化炭素の変化
南極の氷床の分析などによると、地球の二酸化炭素濃度は、産業革命までは、ほぼ280ppm（100万分の280）でしたが、産業革命以降、急上昇しています。

温室効果とは

太陽からのエネルギーは、波長の短い紫外線と可視光として大気に吸収されずに地表にとどきます。地表からは波長の長い赤外線としてエネルギーが放出され、一部は大気で吸収され、再び地表をあたためます。これを温室効果といいます。赤外線を吸収するはたらきがあるガスが温室効果ガスです。

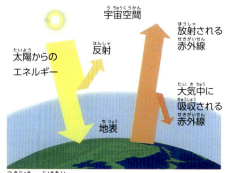

通常の状態
大気中にある温室効果ガスは、地表からの赤外線を吸収し、その一部を再び地表へ赤外線として放出し、地表をあたためています。

温室効果ガスがふえた大気の状態
温室効果ガスが増加すると、温室効果が強まり、地表からの赤外線をより多く吸収し、より多くの赤外線を地表に放出し、さらにあたためます。

 地球の平均気温は約15℃ですが、地球に温室効果がない場合は、地球の平均気温は－18℃になると計算されています。

生物への影響

地球温暖化の影響は、生物のくらしも変化させます。サンゴ礁では、海水温が上昇したために、サンゴに共生する褐虫藻が失われ、白化して死亡するサンゴが見られるようになりました。また、本来は熱帯域にすんでいた生物の生息範囲が北上し、その中には感染症の原因となる力などもいます。

サンゴの白化
白化したサンゴ。サンゴは共生する褐虫藻が光合成でつくる栄養をもらって生きています。褐虫藻が失われると死んでしまいます。

熱帯性の生き物が北上
マラリア原虫を媒介するハマダラカの1種。生息に適したあたたかい環境が広がると、マラリアの発症が増加すると考えられています。

少なくなった北極海の海氷
地球の温暖化によって北極海の海氷は減少し、ホッキョクグマの絶滅の危機が高まっています。

島がしずむ

地球温暖化により海水があたためられて膨張したり、南極やグリーンランドの陸上の氷がとけ出すと海面が上昇し、沿岸にすむ人びとに大きな影響を与えます。このまま海面が上昇すると、海抜が低い国ぐにには、その存在がおびやかされることになります。

水位が上がったインドネシアの島じま
沿岸部にすむ人びとは、海が目の前にせまって、通常通りの生活が困難になります。

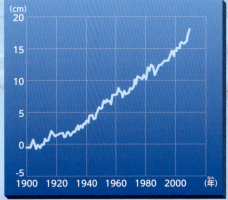

海面水位の変化
世界全体の平均で、20世紀中に約15cm上昇しました。

地球温暖化で平均気温が2℃上昇することは、東京の平均気温が鹿児島の平均気温と同じくらいになるほど大きな変化です。

地球の今

異常気象

世界各地で異常な高温や豪雨などの異常気象が多発し、さまざまな気象災害も起こっています。異常気象の原因として、二酸化炭素などの増加による地球温暖化の影響があるのではないかといわれていますが、自然界にはもともとくり返される気候変化があるので、断定はできません。

ゲリラ豪雨は集中豪雨の一種で、局地的な短時間の大雨のことです。（東京都心）

周囲より低い土地では、強い雨がふると周辺から雨水が集まり、急速に浸水します。

集中豪雨・洪水

現在、ゲリラ豪雨などの集中豪雨は、発生地域や発生時間帯の予報が可能になってきました。観測装置や気象衛星により、現状を素早く正確に把握でき、数値予報技術が進歩したからです。しかし、道路が舗装されるなどの都市開発が進み、雨がふってから川の水位が上昇するまでの時間が短くなっていることなどもあるため、さらに細かくて正確な情報が求められていることから、より高度な予報技術の開発が進められています。

平成27年9月関東・東北豪雨の鬼怒川の決壊
台風18号と台風から変化した温帯低気圧に南から流れこんだ湿った空気が流れこみ、記録的な大雨になり、各地で観測史上最大の降水量を更新しました。鬼怒川など19の河川で堤防が決壊、浸水被害が発生しました。

線状降水帯は積乱雲が一定の場所に列をなすように発達し続け、ときには数時間にわたって大雨をふらせる現象です。

熱波・日照り・干ばつ

平均的な気温にくらべて著しく高温な空気が連続しておしよせるのが熱波で、長期間、安定した晴天となります。日照りは、雨がふらない状態が続くことで、長期間続くと水不足となり、干ばつになります。雨がふっても、人口急増や穀物・畜産の増大などによる水不足でも干ばつになります。

干ばつになると、飲み水の確保が大変です。

2016年4月のタイの過去最大級の干ばつです。穀物地帯での被害が深刻になりました。

猛暑
気温が体温を上回ると、発汗作用で体を冷やすことができなくなり、非常に危険です。

寒波
2016年1月25日の記録的寒波では、北九州市の小倉城が雪でおおわれました。

季節の極端な現象

寒春、暖春、冷夏、猛暑、寒秋、暖秋、寒冬、暖冬など、季節を通しての現象や、熱波、寒波、干ばつ、洪水、少雪、大雪といった、その季節や場所としてはめずらしい現象が起こることがあります。初雪や梅雨入り、桜の開花などの時期が、大きくずれることもあります。このような極端な現象が、地球温暖化などにより、増加することが心配されています。

巨大台風

地球温暖化が進むと、台風の発生数は減少しますが、伊勢湾台風のような巨大な台風はふえるという研究があります。日本付近の海面水温が高くなると、台風が勢力を弱めずに日本に近づいたり、上陸することが心配されています。

突風・竜巻

地球温暖化が進むと、日本の南海上の海面水温が上昇して大気中の水蒸気がふえ、春から夏にかけて巨大な積乱雲が発生することが多くなります。それにより、竜巻も発生しやすくなります。

フィリピンをおそった巨大台風
2013年11月8日にフィリピンをおそった台風30号は、レイテ島を中心に、高潮などで8000人以上の死者・行方不明者を出しました。

2000年8月17日に、羽田空港から千葉方面に見えた竜巻のろうと雲です。

2024年9月に石川県で発生した大雨災害では、同年1月に発生した大地震の影響による土砂災害も発生しました。

人口増加と食料問題

80億人を超えた世界人口

地球上に人類が誕生したのは約700万年前、そしてわたしたちホモ・サピエンスは約20万年前に生まれたと考えられています。ホモ・サピエンスの誕生以降、人類はどんどん人口をふやしてきました。

ヨーロッパで産業革命が起こった18世紀ごろから、人類の人口増加の速度は急激に加速し、2022年にはついに80億人を超えました。人類の人口増加とともに、食料問題やゴミ問題、エネルギー問題も大きくなってきています。

2023年度の世界人口

1位	インド	14億2860万人
2位	中国	14億2570万人
3位	アメリカ	3億4000万人
4位	インドネシア	2億7750万人
5位	パキスタン	2億4050万人
6位	ナイジェリア	2億2380万人
7位	ブラジル	2億1640万人
8位	バングラデシュ	1億7300万人
9位	ロシア	1億4440万人
10位	メキシコ	1億2850万人
11位	エチオピア	1億2650万人
12位	日本	1億2330万人
13位	フィリピン	1億1730万人
14位	エジプト	1億1270万人
15位	コンゴ	1億230万人

世界人口白書2023（2023年04月19日発行）より

世界人口の推移

- 97億人（2050年、予測値）
- 80億人（2022年）
- 60億人（1998年）
- 25億人（1950年）
- 産業革命
- ヨーロッパでペストが大流行
- 人類の誕生
- 20世紀 / 21世紀

国連人口基金駐日事務所の図を参照に作図

食料不足に悩む国ぐにとふえる食品ロス

世界人口がふえるにつれて大きな問題になってきた食料不足。国連世界食糧計画（国連WFP）は、2023年現在、世界で最大7億8300万人の人びとが飢餓に苦しんでいて、そのうち3億3300万人もの人が深刻な飢餓に直面していると発表しています。一方、食料生産量は年ねんふえ、年間の穀物生産量は約27億トンにのぼります。これは162億人分の食糧にあたりますが、その半分は家畜のえさとして使われていて世界の人びとに平等に食料が行きわたっているとはいえない状況です。

食品ロス

本来食べられるにも関わらず捨てられてしまう食品のことを食品ロスといいます。日本では1年間で約523万トンの食品ロスを出しています（2021年）。食品がむだになるだけでなく、こうしたゴミを焼却したり埋め立てたりすると、二酸化炭素やメタンガスといった温室効果ガスを発生させることになります。

畜産による環境への影響

人口増加にともない、家畜の頭数もふえています。家畜のえさを育てるため広大な農地を切り開くことや、糞尿が土壌や川などの水質を汚染すること、ウシなどが出すゲップにふくまれるメタンガスなどが問題になっています。

新しい食材の確保

食糧危機の解決のため、国連食糧農業機関（FAO）は、昆虫の幼虫や蛹の豊富なタンパク質に注目し、昆虫食を推奨しています。また、家畜を育てるのではなく、人工的に家畜の細胞をふやす人工肉を開発する研究も行われています。

▲昆虫を使った料理やお菓子。

▲アメリカの工場でつくられた人工肉。

2009年の大規模な内紛以降、多くの難民を出しているソマリアでは、長い干ばつによって多くの人が飢餓にさらされています。

戦争などによる破壊

戦争は最大の環境汚染といわれるほど、地球環境に大きな打撃をもたらします。地雷やミサイルで建物などが破壊されるだけでなく、多くの死者や難民が出ることで、それまで築き上げられてきた自然とのバランスもくずれてしまいます。

一度大きな戦争や内紛が起こると、元にもどるまでにとても長い年月を必要とします。

今も続く世界の戦争

戦争が起こっている国では、ミサイル攻撃や空爆などによって命を失う生物がたくさんいます。爆撃で環境がこわされるだけでなく、化学物質の使用により土壌や水環境が汚染されると、長期的に生態系が影響を受けます。中には絶滅の危機に追いやられる動植物もあるのです。

2000年以降のおもな戦争、紛争

2001年〜2021年	アフガニスタン紛争
2003年〜2011年	イラク戦争
2008年〜2009年	ガザ紛争
2011年〜現在	シリア内戦
2012年〜現在	中央アフリカ共和国内戦
2014年〜2020年	2014年リビア内戦
2014年〜現在	ウクライナ紛争
2015年〜現在	イエメン内戦
2022年〜現在	2022年ロシアのウクライナ侵攻
2023年〜現在	イスラエル・パレスチナ紛争

ロシア軍が地面に埋めた地雷を撤去するウクライナの兵士。人だけでなく、動物も犠牲になります。

核による環境汚染

1945年7月16日、アメリカのニューメキシコ州の砂漠で、世界初の核実験「トリニティ実験」が行われました。核爆発は、物質をつくるもととなる小さな粒である原子の中の原子核がこわれるときに生じる巨大なエネルギーを利用した爆発です。

核のおそろしさは、破壊力の高さだけではありません。原子核がこわれるときに放射線という、高いエネルギーをもった電磁波や粒子が発生します。放射線は生き物の細胞をこわして死にいたらしめたり、染色体を傷つけ、生物の生殖能力に大きな影響をおよぼしたりします。

また、土壌などに一定の期間残り続けるため、正常な植物の生育をさまたげます。こうした土地では、放射線の影響がなくなるまで農作物などをつくることができなくなります。

トリニティ実験の様子

2022年、ロシアが隣国のウクライナに侵攻しました。写真はロシア軍のミサイルによって破壊された街の様子です（2023年10月）。

1945年8月、原子爆弾が投下された直後の広島市。続いて長崎にも投下され、21万人以上の死者が出ました。

原子力発電所爆発事故

1986年4月26日、ソビエト連邦（現在のロシア）の一部であったウクライナのチョルノービリ（チェルノブイリ）原子力発電所が爆発事故を起こしました。政府は原発の半径30km以内を立ち入り禁止とし、周辺の住民約13万5000人を避難させました。この区域は2024年現在も基本的に人が立ち入ることは禁止されています。

住人が立ち退き、ゴーストタウンになったチョルノービリ原発近くの街の様子。

東北地方太平洋沖地震で事故のあった福島第一原発の周囲には帰還困難区域が設定され、2024年7月現在もすむことはできません。

さくいん

ア
- アーケオプテリクス……108
- アイウォール……161
- アオコ……202
- 青潮……202、203
- 青の洞窟……126
- 赤潮……202、203
- 秋吉台……95
- アクアマリン……52
- 浅間山……72、78
- アセノスフェア……35
- 阿蘇山……73、77
- あたたかい雨……142
- 阿寺渓谷……91
- アノマロカリス……17、18
- 網走の流氷……127
- アポフィライト→魚眼石
- 天橋立……103
- アメシスト……52、56
- あられ……143
- アロサウルス……22
- 安山岩……47
- アンテロープキャニオン……61
- アンバー→琥珀
- アンモナイト……22、109

イ
- イエローストーン国立公園……88
- 硫黄鳥島……73
- イグアスの滝……112
- イジェン山……89
- 異常気象……206
- イヌブナ……109
- 岩木山……66

ウ
- ヴェスヴィオ山……75、79
- うねり波……125
- ウバーレ……95
- ウミサソリ……19、109
- ウユニ塩湖……112
- ウルフェナイト→モリブデン鉛鉱
- ウルル……61
- 雲海……185
- 雲仙岳、雲仙普賢岳……66、78、79

エ
- エアーズロック→ウルル
- 液状化現象……85
- S波……83
- エディアカラ生物群……17
- エメラルド……52
- エルニーニョ現象……182
- エンジェルフォール……113
- 円頂丘……65

オ
- 黄玉→トパーズ
- 黄鉄鉱……55
- 大潮……33
- オーロラ……31、133
- 小笠原気団……152
- オゾン層……131、133
- オホーツク海気団……152
- オルドビス紀……18
- おろし……157
- 温室効果……204
- 温泉……76
- 温帯……174
- 温帯低気圧……153
- 御嶽山……73、78
- 温暖湿潤気候……174
- 温暖前線……153

カ
- ガーネット……52
- カール……94
- 外核……34、38
- 海岸段丘……101
- 海溝……36、41、47、51、70、121
- 海溝型地震……80
- 海山……70
- 海食洞……101
- 海台……121
- 海底火山……67
- 海底扇状地……121
- 回転楕円体……28
- 海風……154
- 海盆……121
- 海洋プレート……44、71、80
- 外来種……192、193
- 外来生物法……193
- 海陸風……154
- 海流……122
- 海嶺……36、39、41、45、70
- 灰れん石→タンザナイト
- 化学岩……48
- 化学的風化作用……92、93
- 河岸段丘……98、99
- 角閃岩……51
- 火口……65
- 花こう岩……45、46
- 火口湖……96
- 火砕流……65、79
- かさ雲……129、141
- 火山岩……44、47
- 火山砕屑丘……66
- 火山弾……65
- 火山泥流……79
- 火山灰……44、65、78
- 火山雷……147
- ガストルニス……108

カ (続き)
- 火成岩……44、46
- 化石……106、107、108、109、110、111
- 化石燃料……58、198
- 活断層型地震……81
- 火道……65
- かなとこ雲……140
- 下部マントル……34、39
- カリ長石……45
- カルスト地形……93、95
- カルデラ……66、69
- カルデラ湖……97
- カレンフェルト……95
- 岩塩……48
- 環礁……117
- 岩床……65
- 環水平アーク……149
- 岩石砂漠……179
- 乾燥谷……179
- 寒帯……175
- 関東大震災→大正関東地震
- 干ばつ……207
- カンブリア紀……17
- カンブリア爆発……17
- かんらん岩……46
- かんらん石→ペリドット
- 寒冷前線……152

キ
- 気圧配置……151
- 輝安鉱……54
- 季節風……156、157
- 北アメリカプレート……82
- 気団……152
- 逆断層……81
- ギョー……121
- 凝灰岩……44、49、50
- 恐竜……21、23、106、107、110、111
- 魚眼石……55
- 極循環……134、135
- 極地……180
- 局地風……157
- 極偏東風……134、135
- 裾礁……117
- キラウエア……67、68、79
- 霧……141
- 金雲母……45
- 緊急地震速報……86

ク
- クォーツ→石英
- 孔雀石……54
- 釧路湿原……97
- くずれ波……125
- 熊野岳→蔵王山
- 熊本地震……81
- 雲放電……147

項目	ページ
クラカタウ山	74
グランドキャニオン	60
クリスタルの洞窟	88
グレートバリアリーフ	127
グレート・ブルーホール	127
クレバス	94
黒雲母	45
クロコアイト→紅鉛鉱	
黒部川扇状地	98
黒部第四ダム	96

ケ

項目	ページ
頁岩	49
結晶質石灰岩	50
月長石→ムーンストーン	
ケッペンの気候区分	172
ゲリラ豪雨→集中豪雨	
巻雲	141、153
懸谷	94
原始太陽	14
原子地球	15
幻日	149
巻積雲	141、153
巻層雲	141、153
玄武岩	47

コ

項目	ページ
広域変成岩	44、51
広域変成作用	51
紅鉛鉱	55
光化学スモッグ	201
高気圧	150、151
黄砂	135
洪水	206
高積雲	141、153
高層雲	141
構造湖→断層湖	
公転	28
コウモリダコ	119
紅葉	174、184
紅れん石片岩	51
黒曜石	47
小潮	33
弧状列島	38、42、70、71
古生代	17、18、19、20、21
古第三紀	24
琥珀	57
コヨーテ・ビュート	10
コランダム→サファイア、ルビー	
コリオリの力	122
ゴンドワナ	40

サ

項目	ページ
彩雲	149
サイクロン	159
歳差運動	29
砕屑岩	49
蔵王山	72
蔵王の樹氷	185
砂岩	44、49
砂丘	102、179
桜島	73、78
ざくろ石→ガーネット	
砂し	103
砂州	103
砂漠	178
砂漠化	195
サバナ気候	174
サハラの目	167
サファイア	53
サロマ湖	97
サンアンドレアス断層	37、120
三角州	49、98、99
サンゴ礁	45、116、117
三畳紀	21
酸性雨	201
サンタマリア山	74
三葉虫	18、109

シ

項目	ページ
シアノバクテリア	16、130
シェールガス	59
ジェット気流	134、135、150
ジオイド	28
ジオード	56
潮の満ち干→潮汐	
死海	115
磁気嵐	30
磁気圏境界面	31
四国カルスト	90
地すべり	84
しずみ込み帯	38
自然堤防	98、99
始祖鳥→アーケオプテリクス	
シップロック	67
磁鉄鉱	45
自転	28、29
自転軸	28、29
忍石	57
シベリア気団	152
ジャイアンツ・コーズウェイ	11
ジャイアントインパクト	32
斜長石	45
蛇紋岩	51
しゅう曲	105
十字石	54
集中豪雨	143、206
ジュエリーアイス	185
主虹	148
主要動→S波	
ジュラ紀	22
ジュラシック・コースト	12
衝撃波面	31
鍾乳石	95
鍾乳洞	95
上部マントル	34、39、70、71
昭和基地	181
昭和新山	72
初期微動→P波	
食品ロス	209
食物連鎖	189
磁力線	31
シルル紀	19
地割れ	84
震央	83、85
深海	118、119
蜃気楼	149
震源	83、85
人工湖	96
深成岩	44、46
新生代	24、25
深層流	123
新第三紀	25
震度	83
侵略的外来種	193
森林火災	194

ス

項目	ページ
スーパーコールドプルーム	38
スーパーブルー	167
スーパーホットプルーム	38
吸い上げ効果	125
水鉛鉛鉱→モリブデン鉛鉱	
水月湖	97
水素エネルギー	199
水力発電	199
スタウロアイト→十字石	
スターサファイア	57
スティブナイト→輝安鉱	
ステゴサウルス	111
ステノプテリギウス	109
ストロマトライト	16、130
ストロンボリ山	75
ストロンボリ式噴火	69、75
スノーボールアース	16
スミソナイト→菱亜鉛鉱	
スミロドン	108
スラブ	38

セ

項目	ページ
セーリング・ストーン	167
成層火山	65、66、69
成層圏	133
生態系ピラミッド	189
正断層	81
生物岩	48
生物多様性	188
生物多様性条約	189
生物濃縮	203
生分解性プラスチック	197
積雲	140、141、152
石英	45、55
石英安山岩→デイサイト	
石英片岩	51
潟湖	97
石筍	95
石炭	58、59、198
石炭紀	20
石柱	95
赤道気団	152
赤道無風帯	134、135
せき止め湖	96
石油	58、198
石油の精製	58
積乱雲	140、141、152
石灰岩	45、48、95

セ
- 石灰柱 …… 93
- 石灰洞→鍾乳洞
- 雪華図説 …… 144
- 石こう岩 …… 48
- 接触変成岩 …… 44、50
- 接触変成作用 …… 51
- 絶滅のおそれのある野生動植物の種の国際取引に関する条約 …… 190
- 瀬戸内海気候区 …… 177
- セノーテ・イキル …… 113
- セブン・カラード・アース …… 184
- セブンティ・アイランド …… 91
- セロ・アスール山 …… 66
- 先カンブリア時代 …… 17
- 泉質の分類 …… 76
- 扇状地 …… 98、99
- 前線 …… 152、153
- 戦争 …… 210
- セント・ヘレンズ山 …… 75
- 千枚岩 …… 51
- 閃緑岩 …… 46

ソ
- 層雲 …… 141
- 曹灰長石 …… 56
- 造岩鉱物 …… 45
- 層積雲 …… 141、152
- 側火山 …… 65

タ
- 大気 …… 34、35、128
- 大正関東地震 …… 80
- 堆積岩 …… 44、48
- 台地 …… 98、99
- 台風 …… 125、158、159、161、164、207
- 太平洋側気候区 …… 177
- 太平洋プレート …… 82
- ダイヤモンド …… 52
- ダイヤモンドヘッド …… 66
- 太陽 …… 30
- 太陽風 …… 30
- 第四紀 …… 25
- 大陸移動 …… 40
- 大陸棚 …… 121
- 大陸プレート …… 44、71、80
- 大理石 …… 45、50
- 対流圏 …… 133
- 高潮 …… 125、164
- 高波 …… 125
- だし …… 157
- 竜串海域公園 …… 92
- 竜巻 …… 162、165、207
- 楯状火山 …… 67、69
- 谷風 …… 155
- たまねぎ状風化 …… 92
- 樽前山 …… 67
- ダロル山 …… 89
- ダンクルオステウス …… 109
- タンザナイト …… 53
- 断層 …… 81、84
- 断層湖 …… 96

チ
- 地殻 …… 34
- 地球温暖化 …… 204
- 地球型惑星 …… 14
- 地球磁気圏 …… 30
- 地溝帯 …… 37、71
- 地軸→自転軸
- 地層 …… 104
- 地熱発電 …… 77
- チバニアン …… 105
- 地表 …… 34
- チムニー …… 119
- チャート …… 44、48
- チューブワーム→ハオリムシ
- 中央構造線 …… 82
- 中間圏 …… 133
- 中生代 …… 21、22、23
- 中禅寺湖 …… 96
- 鳥海湖 …… 96
- 張家界国家森林公園 …… 61
- 潮間帯 …… 33
- 潮汐 …… 33
- チョウチンアンコウ …… 119

ツ
- 月 …… 32
- 津波 …… 85、86
- 津波に関する警報・注意報 …… 86
- 冷たい雨 …… 142
- つるし雲 …… 141
- ツンドラ気候 …… 175

テ
- 泥岩 …… 44、49
- 低気圧 …… 150、151
- デイサイト …… 47
- デイノニクス …… 111
- ディメトロドン …… 108
- ティラノサウルス …… 108、110
- テーブルマウンテン→ロライヌ山
- デビルズ・タワー …… 46
- デボン紀 …… 20
- 天気図 …… 151、157
- 電気石→トルマリン
- デンドライト→忍石
- 天然ガス …… 58、198

ト
- 東北地方太平洋沖地震 …… 80、85
- 十勝岳 …… 78、79
- 土砂くずれ …… 164
- 鳥取砂丘 …… 102
- 突風 …… 207
- トパーズ …… 53
- ドライバレー→乾燥谷
- ドラムリン …… 94
- トランスフォーム断層 …… 71
- ドリーネ …… 95
- トリケラトプス …… 111
- トルマリン …… 53、57

ナ
- 内核 …… 34、38
- 内陸性気候区 …… 177
- ナウマンゾウ …… 43
- 長目の浜 …… 103
- ナミブ砂漠 …… 166
- 南海トラフ …… 82
- 南極 …… 180
- 南西諸島気候区 …… 177
- 南東貿易風 …… 134、135

ニ
- 新潟地震 …… 85
- ニーラゴンゴ山 …… 62
- 虹 …… 129、148
- 西之島 …… 67
- 二ノ目潟 …… 66、97
- 日本海側気候区 …… 177
- 日本式双晶→石英
- 日本で起きた主な火山災害 …… 78
- 日本列島 …… 42、176

ネ
- 熱圏 …… 133
- 熱水噴出孔 …… 119
- 熱帯 …… 174
- 熱帯雨林 …… 169
- 熱帯雨林気候 …… 169、174
- 熱帯低気圧 …… 159
- 熱波 …… 207

ノ
- 能登半島地震 …… 81

ハ
- ハートリーフ→グレートバリアリーフ
- バイカル湖 …… 96
- ハイギョ …… 20
- パイライト→黄鉄鉱
- パイロモルファイト→緑鉛鉱
- ハオリムシ …… 119
- 白亜紀 …… 23
- ハドレー循環 …… 134、135、178
- ハビタブルゾーン …… 14
- パムッカレ …… 89
- パラサウロロフス …… 110
- バランスロック …… 60
- ハリケーン …… 159
- ハロ …… 149
- ハワイ式噴火 …… 69、75
- バンアレン帯 …… 31
- パンゲア …… 40
- 磐梯山 …… 78
- 氾濫原 …… 98、99
- 斑れい岩 …… 46

ヒ
- PM2.5 …… 200
- P波 …… 83
- 東日本大震災→東北地方太平洋沖地震
- 飛行機雲 …… 141
- 左横ずれ断層 …… 81

日照り	207
ピナツボ山	75、78
桧原湖	97
ヒマラヤ山脈	27、40、41
百枚皿	95
ひょう	143
氷河	94
氷河湖	94、96
氷河時代	16、43
氷舌	94
氷雪気候	168
表面波	83、124

フ

V字谷	98、99
フィリピン海プレート	82
風化	92
風力発電	199
フェーン現象	155
フェレル循環	134、135
フォッサマグナ	82
付加体	44、49、71
副虹	148
富士山	73、77、78、129
不整合	105
物理的風化作用	92、93
プラズマ	30、31
プラズマ圏	30、31
ブラックスモーカー	119
フラワーリング・デザート	184
プリニー式噴火	75
ブルーホール	127
プレートテクトニクス	38
ブルカノ山	74
ブルカノ式噴火	69、74
プレート	36、44、49、51、80
フローライト→蛍石	
フロストフラワー	185
ブロモ山	64
噴煙	65
噴火警戒レベル	87

ヘ

閉塞前線	153
平頂海山→ギョー	
別府温泉	76
ペリドット	53
ペリト・モレノ氷河	166
ペルム紀	21
変成岩	44、50
偏西風	134、135、150
片麻岩	51

ホ

ボーンベッド	106
北東貿易風	134、135
堡礁	117
蛍石	54
北海道気候区	177
北極	181
ホットスポット	38、39、70
ホットプルーム	39、70

ホモ・サピエンス	25
ポリエ	95
ホルンフェルス	50
ホワイト・サンズ	167
ホワイトヘブンビーチ	126
ポンペイ	79

マ

マーブルカテドラル	113
マール	66、97
埋円頂丘	65
マイクロプラスチック	197
マウナ・ロア	67、75
巻き波	124、125
マグニチュード	83
マグマ	64、68
マグマオーシャン	14、15、35
マグマだまり	44、51、65
摩周湖	89、97
マラカイト→孔雀石	
マントル	38、39、70

ミ

御影石	45
三日月湖	97
右横ずれ断層	81
水無川	98、99
水の三態	137
ミドリムシ燃料	199
三原山	72、79、104
三宅島	79

ム

ムーンストーン	52
紫水晶→アメシスト	

メ

メガネウラ	108
メガロドン	109
メタセコイア	109
メタンハイドレート	59
メディアルモレーン	94

モ

木星型惑星	14
モホロビチッチ不連続面	35
モリブデン鉛鉱	55
モルダバイト	57
モレーン	94
モンスーン→季節風	

ヤ

焼き畑農業	194
八重干瀬	127
山風	155
山谷風	155
八ッ場ダム	96

ユ

U字谷	94
ユーラシアプレート	82
雄大積雲	140

雪の結晶	144、145
油田	58
ユーリプテルス→ウミサソリ	

ヨ

ヨーバケ	105
溶岩岩栓	67
溶岩台地	67
溶岩ドーム	67、69
溶岩流	65、69、79

ラ

ラグーン→潟湖	
ラック・ローズ	113
ラニーニャ現象	183
ラブラドライト→曹灰長石	
乱層雲	140、141、153

リ

リアス海岸	100
陸風	154
リソスフェア	35
リディコータイト電気石→トルマリン	
流紋岩	47
菱亜鉛鉱	54
菱マンガン鉱	55、56
緑鉛鉱	57
緑柱石→アクアマリン、エメラルド	
緑泥片岩	50

ル

ルビー	53

レ

冷帯	175
冷帯湿潤気候	175
レインボーマウンテン	89
礫岩	44、49
レトバ湖→ラック・ローズ	
レンズ雲	141
レンソイス・マラニャンセス国立公園	113

ロ

ロードクロサイト→菱マンガン鉱	
ローラシア	40
ロスビー循環	135
ロックアイランド→セブンティ・アイランド	
ロライマ山	61

ワ

ワシントン条約→絶滅のおそれのある野生動植物の種の国際取引に関する条約

[総監修]
上原真一（東邦大学理学部生命圏環境科学科教授）

[イラスト、図版]
上村一樹/上村秀樹（レンリ）、カサネ・治、加藤廣志、河崎千加子、菊谷詩子、黒木博、小堀文彦、近藤正昭、月本佳代美、都築昭夫、東京都、柳平和士、吉見礼司、わたなべひろし

[写真]
アフロ、アマナ、海洋研究開発機（JAMSTEC、P.118カップ麺の容器,P.197深海ゴミ）、学研、PIXTA、三品隆司、高田竜

[ロゴデザイン、装丁]
小口翔平＋畑中茜（tobufune）

[本文レイアウト]
佐々木恵実（ダグハウス）、菅渉宇（スガデザイン）

[アイコン制作]
つまようじ（京田クリエーション）、菅渉宇（スガデザイン）

[校正]
タクトシステム

[編集協力]
鈴木進吾、三品隆司、美和企画（笹原依子）

[企画編集]
高田竜、徳永万結花

〈DVD〉
[動画制作]
松原由幸

[動画制作協力]
ディレクションズ

[キャラクターデザイン]
ヨシムラヨシユキ

〈とびだす! AR〉
[3DCG制作]
水木玲

[制作協力]
アララ株式会社

〈ポスター〉
[レイアウト]
佐々木恵実（ダグハウス）

[写真]
アフロ、高田竜